けいさん せんもんドリル

1年

JN131630

1年 　くみ

特色と使い方

● このドリルは、計算力を付けるための計算問題をせんもんにあつかったドリルです。

● 教科書ぴったりトレーニングに、このドリルの何ページをすればよいのかが書いてあります。教科書ぴったりトレーニングにあわせてお使いください。

教科書ぴったり
トレーニングの
ここを 見てね

🐾 もくじ 🐾

🏠 おうちのかたへ

・お子さまがお使いの教科書や学校の学習状況により、ドリルのページが前後したり、学習されていない問題が含まれている場合がございます。お子さまの学習状況に応じてお使いください。

・お子さまがお使いの教科書により、教科書ぴったりトレーニングと対応していないページがある場合がございますが、お子さまの興味・関心に応じてお使いください。

1 10までの たしざん①

1 けいさんを しましょう。

月　　日

① 1+2=□　　　② 2+6=□

③ 7+3=□　　　④ 5+5=□

⑤ 4+1=□　　　⑥ 3+5=□

⑦ 2+3=□　　　⑧ 1+7=□

⑨ 4+6=□　　　⑩ 8+1=□

2 けいさんを しましょう。

月　　日

① 5+2=□　　　② 1+3=□

③ 2+8=□　　　④ 6+3=□

⑤ 1+5=□　　　⑥ 4+4=□

⑦ 3+3=□　　　⑧ 6+1=□

⑨ 4+2=□　　　⑩ 3+7=□

2 10までの　たしざん②

★ できた　もんだいには、
「た」を　かこう！
でき 1　　でき 2

1 けいさんを　しましょう。

① 7＋1＝　　　　② 3＋6＝

③ 2＋5＝　　　　④ 8＋2＝

⑤ 1＋1＝　　　　⑥ 5＋4＝

⑦ 2＋2＝　　　　⑧ 4＋3＝

⑨ 1＋9＝　　　　⑩ 6＋2＝

2 けいさんを　しましょう。

① 3＋1＝　　　　② 6＋4＝

③ 7＋2＝　　　　④ 2＋1＝

⑤ 5＋3＝　　　　⑥ 1＋6＝

⑦ 2＋4＝　　　　⑧ 5＋1＝

⑨ 1＋8＝　　　　⑩ 3＋2＝

1 けいさんを しましょう。

月　　日

① 4 + 1 =

② 3 + 7 =

③ 6 + 3 =

④ 8 + 1 =

⑤ 1 + 5 =

⑥ 4 + 6 =

⑦ 4 + 4 =

⑧ 5 + 2 =

⑨ 1 + 2 =

⑩ 2 + 8 =

2 けいさんを しましょう。

月　　日

① 4 + 2 =

② 3 + 4 =

③ 5 + 5 =

④ 1 + 7 =

⑤ 6 + 1 =

⑥ 2 + 7 =

⑦ 9 + 1 =

⑧ 2 + 3 =

⑨ 4 + 5 =

⑩ 1 + 3 =

4 10までの たしざん④

1 けいさんを しましょう。

月　　日

① 3＋3＝☐　　② 1＋9＝☐

③ 2＋6＝☐　　④ 5＋4＝☐

⑤ 7＋3＝☐　　⑥ 4＋1＝☐

⑦ 3＋5＝☐　　⑧ 1＋1＝☐

⑨ 7＋1＝☐　　⑩ 6＋4＝☐

2 けいさんを しましょう。

月　　日

① 1＋6＝☐　　② 8＋2＝☐

③ 4＋3＝☐　　④ 1＋8＝☐

⑤ 2＋2＝☐　　⑥ 3＋1＝☐

⑦ 5＋5＝☐　　⑧ 7＋2＝☐

⑨ 2＋4＝☐　　⑩ 3＋6＝☐

1 けいさんを　しましょう。

月　　日

① $8-5=$ 　　　② $10-3=$

③ $6-1=$ 　　　④ $8-6=$

⑤ $10-2=$ 　　⑥ $7-5=$

⑦ $9-6=$ 　　　⑧ $5-2=$

⑨ $4-3=$ 　　　⑩ $6-4=$

2 けいさんを　しましょう。

月　　日

① $5-4=$ 　　　② $10-7=$

③ $3-1=$ 　　　④ $7-6=$

⑤ $8-4=$ 　　　⑥ $6-3=$

⑦ $9-8=$ 　　　⑧ $8-1=$

⑨ $10-5=$ 　　⑩ $8-3=$

6 10までの ひきざん②

1 けいさんを しましょう。

月　　日

① 8−2＝ □

② 8−7＝ □

③ 10−9＝ □

④ 9−4＝ □

⑤ 6−2＝ □

⑥ 3−2＝ □

⑦ 7−3＝ □

⑧ 10−1＝ □

⑨ 4−2＝ □

⑩ 2−1＝ □

2 けいさんを しましょう。

月　　日

① 9−7＝ □

② 7−1＝ □

③ 5−3＝ □

④ 10−6＝ □

⑤ 9−1＝ □

⑥ 9−5＝ □

⑦ 4−1＝ □

⑧ 7−4＝ □

⑨ 10−8＝ □

⑩ 9−3＝ □

7 10までの　ひきざん③

★ できた　もんだいには、
「た」を　かこう！

でき 1 ◯　でき 2 ◯

1 けいさんを　しましょう。

| 月 | 日 |

① 7−2＝ □

② 4−1＝ □

③ 8−5＝ □

④ 3−2＝ □

⑤ 6−1＝ □

⑥ 8−4＝ □

⑦ 10−4＝ □

⑧ 5−3＝ □

⑨ 8−6＝ □

⑩ 9−6＝ □

2 けいさんを　しましょう。

| 月 | 日 |

① 5−4＝ □

② 3−1＝ □

③ 6−4＝ □

④ 10−2＝ □

⑤ 5−2＝ □

⑥ 6−5＝ □

⑦ 10−3＝ □

⑧ 8−1＝ □

⑨ 9−8＝ □

⑩ 7−5＝ □

8 10までの ひきざん④

1 けいさんを しましょう。

月　日

① 10-5=[　]　　② 4-2=[　]

③ 5-1=[　]　　④ 10-8=[　]

⑤ 8-7=[　]　　⑥ 6-3=[　]

⑦ 8-3=[　]　　⑧ 10-7=[　]

⑨ 7-3=[　]　　⑩ 8-2=[　]

2 けいさんを しましょう。

月　日

① 6-2=[　]　　② 9-7=[　]

③ 4-3=[　]　　④ 9-2=[　]

⑤ 7-1=[　]　　⑥ 9-4=[　]

⑦ 2-1=[　]　　⑧ 7-6=[　]

⑨ 9-5=[　]　　⑩ 10-1=[　]

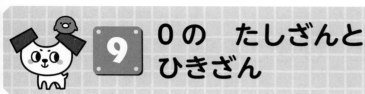

9 **0の たしざんと ひきざん**

1 けいさんを しましょう。　　　月　　日

① 4+0=□　　② 8+0=□

③ 1+0=□　　④ 3+0=□

⑤ 9+0=□　　⑥ 0+7=□

⑦ 0+2=□　　⑧ 0+5=□

⑨ 0+6=□　　⑩ 0+0=□

2 けいさんを しましょう。　　　月　　日

① 2-2=□　　② 9-9=□

③ 5-5=□　　④ 7-7=□

⑤ 6-6=□　　⑥ 4-0=□

⑦ 1-0=□　　⑧ 8-0=□

⑨ 3-0=□　　⑩ 0-0=□

10 たしざんと ひきざん①

1 けいさんを しましょう。

月　　日

① 10＋5＝ ☐

② 10＋2＝ ☐

③ 10＋8＝ ☐

④ 10＋3＝ ☐

⑤ 10＋7＝ ☐

⑥ 11−1＝ ☐

⑦ 16−6＝ ☐

⑧ 14−4＝ ☐

⑨ 17−7＝ ☐

⑩ 15−5＝ ☐

2 けいさんを しましょう。

月　　日

① 14＋1＝ ☐

② 17＋2＝ ☐

③ 12＋5＝ ☐

④ 11＋7＝ ☐

⑤ 13＋6＝ ☐

⑥ 14−2＝ ☐

⑦ 17−3＝ ☐

⑧ 15−4＝ ☐

⑨ 16−5＝ ☐

⑩ 18−3＝ ☐

11 たしざんと ひきざん②

1 けいさんを しましょう。

月　日

① 10+4=

② 10+6=

③ 10+1=

④ 10+7=

⑤ 10+9=

⑥ 13-3=

⑦ 18-8=

⑧ 19-9=

⑨ 12-2=

⑩ 16-6=

2 けいさんを しましょう。

月　日

① 15+2=

② 13+4=

③ 16+3=

④ 18+1=

⑤ 12+3=

⑥ 12-1=

⑦ 15-2=

⑧ 18-4=

⑨ 13-2=

⑩ 17-6=

12 3つの かずの けいさん①

1 けいさんを しましょう。

月 日

① 5＋1＋2＝ ☐

② 2＋2＋3＝ ☐

③ 1＋6＋1＝ ☐

④ 7＋3＋4＝ ☐

⑤ 2＋8＋6＝ ☐

⑥ 7－2－1＝ ☐

⑦ 9－5－2＝ ☐

⑧ 10－6－2＝ ☐

⑨ 18－8－4＝ ☐

⑩ 12－2－3＝ ☐

2 けいさんを しましょう。

月 日

① 9－8＋5＝ ☐

② 8－4＋2＝ ☐

③ 10－7＋6＝ ☐

④ 14－4＋2＝ ☐

⑤ 16－3＋4＝ ☐

⑥ 4＋3－5＝ ☐

⑦ 8＋1－6＝ ☐

⑧ 5＋5－8＝ ☐

⑨ 10＋9－6＝ ☐

⑩ 13＋2－4＝ ☐

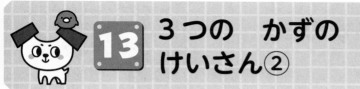

★ できた もんだいには、
「た」を かこう！
でき 1
でき 2

13 3つの かずの けいさん②

1 けいさんを しましょう。　　　　月　　日

① 4＋1＋4＝□　　　② 2＋3＋3＝□

③ 5＋5＋5＝□　　　④ 4＋6＋3＝□

⑤ 9＋1＋7＝□　　　⑥ 8－3－3＝□

⑦ 9－4－1＝□　　　⑧ 10－5－2＝□

⑨ 16－6－5＝□　　　⑩ 17－7－6＝□

2 けいさんを しましょう。　　　　月　　日

① 7－2＋4＝□　　　② 4－1＋4＝□

③ 10－5＋4＝□　　　④ 12－2＋9＝□

⑤ 18－5＋3＝□　　　⑥ 3＋6－7＝□

⑦ 2＋4－3＝□　　　⑧ 1＋9－3＝□

⑨ 10＋7－4＝□　　　⑩ 12＋7－6＝□

1 けいさんを しましょう。

月　　日

① 4＋2＋2＝ ◻

② 1＋1＋7＝ ◻

③ 3＋7＋9＝ ◻

④ 8＋2＋9＝ ◻

⑤ 5＋5＋2＝ ◻

⑥ 6－2－3＝ ◻

⑦ 7－4－2＝ ◻

⑧ 10－3－5＝ ◻

⑨ 15－5－1＝ ◻

⑩ 19－5－4＝ ◻

2 けいさんを しましょう。

月　　日

① 9－6＋5＝ ◻

② 6－2＋1＝ ◻

③ 10－6＋4＝ ◻

④ 14－4＋5＝ ◻

⑤ 17－6＋1＝ ◻

⑥ 4＋4－6＝ ◻

⑦ 6＋2－1＝ ◻

⑧ 7＋3－2＝ ◻

⑨ 10＋4－1＝ ◻

⑩ 14＋3－5＝ ◻

15 くりあがりの　ある　たしざん①

★ できた　もんだいには、「た」を　かこう！
でき **1** ○　　でき **2** ○

1 けいさんを　しましょう。

月　　日

① 9 + 5 = 　　　　② 6 + 5 =

③ 8 + 7 = 　　　　④ 7 + 4 =

⑤ 9 + 8 = 　　　　⑥ 3 + 9 =

⑦ 7 + 7 = 　　　　⑧ 5 + 8 =

⑨ 9 + 3 = 　　　　⑩ 6 + 9 =

2 けいさんを　しましょう。

月　　日

① 5 + 6 = 　　　　② 8 + 6 =

③ 9 + 7 = 　　　　④ 3 + 8 =

⑤ 8 + 5 = 　　　　⑥ 9 + 2 =

⑦ 4 + 9 = 　　　　⑧ 7 + 6 =

⑨ 8 + 9 = 　　　　⑩ 5 + 7 =

1 けいさんを しましょう。

月　　日

① 9 + 4 =

② 7 + 9 =

③ 4 + 7 =

④ 6 + 8 =

⑤ 8 + 8 =

⑥ 7 + 5 =

⑦ 8 + 4 =

⑧ 2 + 9 =

⑨ 9 + 6 =

⑩ 6 + 7 =

2 けいさんを しましょう。

月　　日

① 7 + 8 =

② 9 + 3 =

③ 4 + 8 =

④ 9 + 5 =

⑤ 6 + 6 =

⑥ 5 + 8 =

⑦ 8 + 7 =

⑧ 3 + 8 =

⑨ 7 + 7 =

⑩ 8 + 9 =

17 くりあがりの ある たしざん③

★ できた もんだいには、「た」を かこう！
① でき ② でき

1 けいさんを しましょう。

月　日

① 8＋4＝ ☐

② 5＋7＝ ☐

③ 3＋9＝ ☐

④ 9＋8＝ ☐

⑤ 7＋6＝ ☐

⑥ 6＋9＝ ☐

⑦ 9＋9＝ ☐

⑧ 5＋6＝ ☐

⑨ 9＋4＝ ☐

⑩ 7＋8＝ ☐

2 けいさんを しましょう。

月　日

① 2＋9＝ ☐

② 7＋5＝ ☐

③ 6＋7＝ ☐

④ 4＋9＝ ☐

⑤ 8＋6＝ ☐

⑥ 5＋9＝ ☐

⑦ 8＋3＝ ☐

⑧ 9＋6＝ ☐

⑨ 8＋8＝ ☐

⑩ 9＋2＝ ☐

18 くりあがりの ある たしざん④

★ できた もんだいには、「た」を かこう！
1 でき 2 でき

1 けいさんを しましょう。

月　日

① 8+3＝
② 6+6＝
③ 8+7＝
④ 7+5＝
⑤ 9+6＝
⑥ 8+9＝
⑦ 9+7＝
⑧ 3+9＝
⑨ 9+4＝
⑩ 6+8＝

2 けいさんを しましょう。

月　日

① 5+9＝
② 4+7＝
③ 7+9＝
④ 8+5＝
⑤ 9+3＝
⑥ 5+6＝
⑦ 8+8＝
⑧ 2+9＝
⑨ 6+7＝
⑩ 7+8＝

1 けいさんを しましょう。

月　　日

① 9＋9＝

② 5＋7＝

③ 8＋6＝

④ 3＋8＝

⑤ 6＋5＝

⑥ 7＋6＝

⑦ 9＋8＝

⑧ 4＋8＝

⑨ 7＋4＝

⑩ 5＋9＝

2 けいさんを しましょう。

月　　日

① 9＋6＝

② 7＋8＝

③ 3＋9＝

④ 9＋4＝

⑤ 5＋8＝

⑥ 7＋9＝

⑦ 6＋7＝

⑧ 9＋5＝

⑨ 8＋9＝

⑩ 5＋6＝

1 けいさんを　しましょう。

月　　日

① 8 + 5 =
② 7 + 4 =

③ 6 + 6 =
④ 3 + 8 =

⑤ 7 + 6 =
⑥ 9 + 7 =

⑦ 6 + 9 =
⑧ 4 + 8 =

⑨ 7 + 5 =
⑩ 8 + 7 =

2 けいさんを　しましょう。

月　　日

① 6 + 8 =
② 9 + 9 =

③ 8 + 4 =
④ 4 + 9 =

⑤ 9 + 3 =
⑥ 6 + 5 =

⑦ 7 + 7 =
⑧ 9 + 2 =

⑨ 8 + 3 =
⑩ 4 + 7 =

21 くりあがりの ある たしざん⑦

1 けいさんを しましょう。

月 日

① 4＋7＝ □

② 9＋9＝ □

③ 7＋7＝ □

④ 9＋2＝ □

⑤ 8＋3＝ □

⑥ 4＋9＝ □

⑦ 6＋8＝ □

⑧ 7＋4＝ □

⑨ 8＋8＝ □

⑩ 5＋9＝ □

2 けいさんを しましょう。

月 日

① 6＋5＝ □

② 8＋5＝ □

③ 2＋9＝ □

④ 9＋8＝ □

⑤ 6＋9＝ □

⑥ 4＋8＝ □

⑦ 7＋9＝ □

⑧ 5＋7＝ □

⑨ 6＋6＝ □

⑩ 9＋5＝ □

1 けいさんを　しましょう。

月　　日

① 15−8＝

② 11−3＝

③ 13−5＝

④ 12−6＝

⑤ 15−7＝

⑥ 12−4＝

⑦ 13−8＝

⑧ 16−8＝

⑨ 11−4＝

⑩ 12−8＝

2 けいさんを　しましょう。

月　　日

① 17−8＝

② 14−9＝

③ 11−7＝

④ 12−9＝

⑤ 13−6＝

⑥ 11−2＝

⑦ 15−9＝

⑧ 12−7＝

⑨ 14−6＝

⑩ 16−7＝

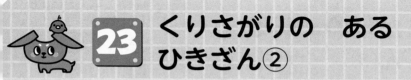
1 けいさんを　しましょう。

月　　日

① 15−7=

② 11−2=

③ 13−9=

④ 14−6=

⑤ 11−4=

⑥ 13−8=

⑦ 12−3=

⑧ 13−4=

⑨ 15−9=

⑩ 14−7=

2 けいさんを　しましょう。

月　　日

① 12−6=

② 13−5=

③ 11−8=

④ 16−7=

⑤ 14−5=

⑥ 16−9=

⑦ 12−7=

⑧ 17−8=

⑨ 15−8=

⑩ 12−9=

1 けいさんを　しましょう。

月　　日

① 11−4＝ □　　② 12−5＝ □

③ 16−9＝ □　　④ 15−8＝ □

⑤ 12−8＝ □　　⑥ 11−6＝ □

⑦ 12−4＝ □　　⑧ 17−9＝ □

⑨ 12−6＝ □　　⑩ 14−7＝ □

2 けいさんを　しましょう。

月　　日

① 11−8＝ □　　② 12−9＝ □

③ 14−6＝ □　　④ 18−9＝ □

⑤ 11−3＝ □　　⑥ 14−8＝ □

⑦ 15−6＝ □　　⑧ 13−7＝ □

⑨ 13−4＝ □　　⑩ 11−7＝ □

1 けいさんを しましょう。

月　　　日

① 16−8＝ [　　]　② 11−9＝ [　　]

③ 11−6＝ [　　]　④ 15−9＝ [　　]

⑤ 12−3＝ [　　]　⑥ 11−8＝ [　　]

⑦ 14−5＝ [　　]　⑧ 14−6＝ [　　]

⑨ 13−9＝ [　　]　⑩ 15−7＝ [　　]

2 けいさんを しましょう。

月　　　日

① 12−7＝ [　　]　② 13−6＝ [　　]

③ 11−4＝ [　　]　④ 14−8＝ [　　]

⑤ 13−4＝ [　　]　⑥ 11−2＝ [　　]

⑦ 18−9＝ [　　]　⑧ 11−5＝ [　　]

⑨ 16−7＝ [　　]　⑩ 12−8＝ [　　]

1 けいさんを しましょう。

　　　　　　　　　　　月　　　　日

① 18−9=

② 12−5=

③ 17−8=

④ 12−6=

⑤ 13−7=

⑥ 16−9=

⑦ 11−3=

⑧ 13−8=

⑨ 15−6=

⑩ 14−8=

2 けいさんを しましょう。

　　　　　　　　　　　月　　　　日

① 13−5=

② 12−9=

③ 14−7=

④ 11−7=

⑤ 17−9=

⑥ 12−4=

⑦ 11−5=

⑧ 15−8=

⑨ 14−9=

⑩ 11−6=

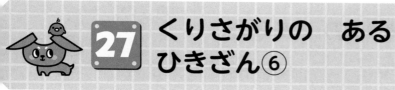
1 けいさんを　しましょう。

月　　　日

① 14－9＝ ☐

② 11－5＝ ☐

③ 13－6＝ ☐

④ 16－7＝ ☐

⑤ 11－6＝ ☐

⑥ 13－9＝ ☐

⑦ 12－3＝ ☐

⑧ 16－8＝ ☐

⑨ 15－7＝ ☐

⑩ 14－5＝ ☐

2 けいさんを　しましょう。

月　　　日

① 12－4＝ ☐

② 11－7＝ ☐

③ 13－7＝ ☐

④ 17－9＝ ☐

⑤ 14－8＝ ☐

⑥ 13－5＝ ☐

⑦ 11－9＝ ☐

⑧ 12－5＝ ☐

⑨ 15－6＝ ☐

⑩ 12－8＝ ☐

28 くりさがりの ある ひきざん⑦

★ できた もんだいには、「た」を かこう！
でき 1 でき 2

1 けいさんを しましょう。

月　　日

① $11-5=$ 　　　② $16-8=$

③ $13-6=$ 　　　④ $15-9=$

⑤ $12-3=$ 　　　⑥ $14-5=$

⑦ $17-9=$ 　　　⑧ $11-8=$

⑨ $12-7=$ 　　　⑩ $18-9=$

2 けいさんを しましょう。

月　　日

① $13-9=$ 　　　② $15-6=$

③ $11-3=$ 　　　④ $12-5=$

⑤ $14-7=$ 　　　⑥ $13-8=$

⑦ $11-9=$ 　　　⑧ $16-9=$

⑨ $13-4=$ 　　　⑩ $17-8=$

1 けいさんを しましょう。

月　　日

① $50+20=$ 　　　　② $10+70=$

③ $60+40=$ 　　　　④ $30+30=$

⑤ $80+10=$ 　　　　⑥ $20+60=$

⑦ $40+50=$ 　　　　⑧ $70+20=$

⑨ $90+10=$ 　　　　⑩ $30+40=$

2 けいさんを しましょう。

月　　日

① $70-40=$ 　　　　② $30-20=$

③ $80-50=$ 　　　　④ $90-30=$

⑤ $40-10=$ 　　　　⑥ $100-60=$

⑦ $50-30=$ 　　　　⑧ $60-20=$

⑨ $70-50=$ 　　　　⑩ $100-50=$

30 なんじゅうと いくつの けいさん

1 けいさんを しましょう。　　月　日

① 60+2=□　② 20+5=□

③ 30+8=□　④ 90+6=□

⑤ 50+7=□　⑥ 70+1=□

⑦ 80+8=□　⑧ 40+9=□

⑨ 20+3=□　⑩ 60+4=□

2 けいさんを しましょう。　　月　日

① 52−2=□　② 24−4=□

③ 81−1=□　④ 79−9=□

⑤ 27−7=□　⑥ 66−6=□

⑦ 45−5=□　⑧ 93−3=□

⑨ 58−8=□　⑩ 35−5=□

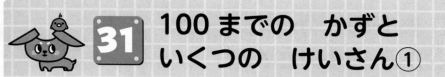

31 100までの かずと いくつの けいさん①

★ できた もんだいには、
「た」を かこう!

できた **1** ○　できた **2** ○

1 けいさんを しましょう。　　　　月　　　日

① $36+1=$ 〔　　〕　　② $53+6=$ 〔　　〕

③ $82+2=$ 〔　　〕　　④ $23+4=$ 〔　　〕

⑤ $66+3=$ 〔　　〕　　⑥ $92+7=$ 〔　　〕

⑦ $44+4=$ 〔　　〕　　⑧ $75+2=$ 〔　　〕

⑨ $33+5=$ 〔　　〕　　⑩ $57+1=$ 〔　　〕

2 けいさんを しましょう。　　　　月　　　日

① $39-5=$ 〔　　〕　　② $85-3=$ 〔　　〕

③ $58-5=$ 〔　　〕　　④ $29-8=$ 〔　　〕

⑤ $73-1=$ 〔　　〕　　⑥ $98-2=$ 〔　　〕

⑦ $49-7=$ 〔　　〕　　⑧ $65-1=$ 〔　　〕

⑨ $38-3=$ 〔　　〕　　⑩ $88-6=$ 〔　　〕

32 100までの かずと いくつの けいさん②

★ できた もんだいには、
「た」を かこう！

でき **1** ○　でき **2** ○

1 けいさんを しましょう。　　　　月　　日

① 84＋5＝ ⬚　　② 41＋8＝ ⬚

③ 55＋1＝ ⬚　　④ 72＋4＝ ⬚

⑤ 33＋3＝ ⬚　　⑥ 86＋2＝ ⬚

⑦ 72＋6＝ ⬚　　⑧ 25＋3＝ ⬚

⑨ 67＋1＝ ⬚　　⑩ 94＋3＝ ⬚

2 けいさんを しましょう。　　　　月　　日

① 52－1＝ ⬚　　② 67－3＝ ⬚

③ 26－3＝ ⬚　　④ 99－6＝ ⬚

⑤ 84－1＝ ⬚　　⑥ 27－5＝ ⬚

⑦ 66－5＝ ⬚　　⑧ 35－2＝ ⬚

⑨ 79－4＝ ⬚　　⑩ 48－7＝ ⬚

1　10までの　たしざん①

1
- ①3　②8
- ③10　④10
- ⑤5　⑥8
- ⑦5　⑧8
- ⑨10　⑩9

2
- ①7　②4
- ③10　④9
- ⑤6　⑥8
- ⑦6　⑧7
- ⑨6　⑩10

2　10までの　たしざん②

1
- ①8　②9
- ③7　④10
- ⑤2　⑥9
- ⑦4　⑧7
- ⑨10　⑩8

2
- ①4　②10
- ③9　④3
- ⑤8　⑥7
- ⑦6　⑧6
- ⑨9　⑩5

3　10までの　たしざん③

1
- ①5　②10
- ③9　④9
- ⑤6　⑥10
- ⑦8　⑧7
- ⑨3　⑩10

2
- ①6　②7
- ③10　④8
- ⑤7　⑥9
- ⑦10　⑧5
- ⑨9　⑩4

4　10までの　たしざん④

1
- ①6　②10
- ③8　④9
- ⑤10　⑥5
- ⑦8　⑧2
- ⑨8　⑩10

2
- ①7　②10
- ③7　④9
- ⑤4　⑥4
- ⑦10　⑧9
- ⑨6　⑩9

5　10までの　ひきざん①

1
- ①3　②7
- ③5　④2
- ⑤8　⑥2
- ⑦3　⑧3
- ⑨1　⑩2

2
- ①1　②3
- ③2　④1
- ⑤4　⑥3
- ⑦1　⑧7
- ⑨5　⑩5

6　10までの　ひきざん②

1
- ①6　②1
- ③1　④5
- ⑤4　⑥1
- ⑦4　⑧9
- ⑨2　⑩1

2
- ①2　②6
- ③2　④4
- ⑤8　⑥4
- ⑦3　⑧3
- ⑨2　⑩6

7　10までの　ひきざん③

1
- ①5　②3
- ③3　④1
- ⑤5　⑥4
- ⑦6　⑧2
- ⑨2　⑩3

2	①1	②2
	③2	④8
	⑤3	⑥1
	⑦7	⑧7
	⑨1	⑩2

8　10までの　ひきざん④

1	①5	②2
	③4	④2
	⑤1	⑥3
	⑦5	⑧3
	⑨4	⑩6
2	①4	②2
	③1	④7
	⑤6	⑥5
	⑦1	⑧1
	⑨4	⑩9

9　0の　たしざんと　ひきざん

1	①4	②8
	③1	④3
	⑤9	⑥7
	⑦2	⑧5
	⑨6	⑩0
2	①0	②0
	③0	④0
	⑤0	⑥4
	⑦1	⑧8
	⑨3	⑩0

10　たしざんと　ひきざん①

1	①15	②12
	③18	④13
	⑤17	⑥10
	⑦10	⑧10
	⑨10	⑩10
2	①15	②19
	③17	④18
	⑤19	⑥12
	⑦14	⑧11
	⑨11	⑩15

11　たしざんと　ひきざん②

1	①14	②16
	③11	④17
	⑤19	⑥10
	⑦10	⑧10
	⑨10	⑩10
2	①17	②17
	③19	④19
	⑤15	⑥11
	⑦13	⑧14
	⑨11	⑩11

12　3つの　かずの　けいさん①

1	①8	②7
	③8	④14
	⑤16	⑥4
	⑦2	⑧2
	⑨6	⑩7
2	①6	②6
	③9	④12
	⑤17	⑥2
	⑦3	⑧2
	⑨13	⑩11

13　3つの　かずの　けいさん②

1	①9	②8
	③15	④13
	⑤17	⑥2
	⑦4	⑧3
	⑨5	⑩4
2	①9	②7
	③9	④19
	⑤16	⑥2
	⑦3	⑧7
	⑨13	⑩13

14　3つの　かずの　けいさん③

1	①8	②9
	③19	④19
	⑤12	⑥1
	⑦1	⑧2
	⑨9	⑩10

2 ①8 ②5 ③8 ④15 ⑤12 ⑥2 ⑦7 ⑧8 ⑨13 ⑩12

15 くりあがりの ある たしざん①

1 ①14 ②11 ③15 ④11 ⑤17 ⑥12 ⑦14 ⑧13 ⑨12 ⑩15

2 ①11 ②14 ③16 ④11 ⑤13 ⑥11 ⑦13 ⑧13 ⑨17 ⑩12

16 くりあがりの ある たしざん②

1 ①13 ②16 ③11 ④14 ⑤16 ⑥12 ⑦12 ⑧11 ⑨15 ⑩13

2 ①15 ②12 ③12 ④14 ⑤12 ⑥13 ⑦15 ⑧11 ⑨14 ⑩17

17 くりあがりの ある たしざん③

1 ①12 ②12 ③12 ④17 ⑤13 ⑥15 ⑦18 ⑧11 ⑨13 ⑩15

2 ①11 ②12 ③13 ④13 ⑤14 ⑥14 ⑦11 ⑧15 ⑨16 ⑩11

18 くりあがりの ある たしざん④

1 ①11 ②12 ③15 ④12 ⑤15 ⑥17 ⑦16 ⑧12 ⑨13 ⑩14

2 ①14 ②11 ③16 ④13 ⑤12 ⑥11 ⑦16 ⑧11 ⑨13 ⑩15

19 くりあがりの ある たしざん⑤

1 ①18 ②12 ③14 ④11 ⑤11 ⑥13 ⑦17 ⑧12 ⑨11 ⑩14

2 ①15 ②15 ③12 ④13 ⑤13 ⑥16 ⑦13 ⑧14 ⑨17 ⑩11

20 くりあがりの ある たしざん⑥

1 ①13 ②11 ③12 ④11 ⑤13 ⑥16 ⑦15 ⑧12 ⑨12 ⑩15

2 ①14 ②18 ③12 ④13 ⑤12 ⑥11 ⑦14 ⑧11 ⑨11 ⑩11

21 くりあがりの ある たしざん⑦

1 ①11 ②18 ③14 ④11 ⑤11 ⑥13 ⑦14 ⑧11 ⑨16 ⑩14

2
①11　②13
③11　④17
⑤15　⑥12
⑦16　⑧12
⑨12　⑩14

22　くりさがりの　ある　ひきざん①

1
①7　②8
③8　④6
⑤8　⑥8
⑦5　⑧8
⑨7　⑩4

2
①9　②5
③4　④3
⑤7　⑥9
⑦6　⑧5
⑨8　⑩9

23　くりさがりの　ある　ひきざん②

1
①8　②9
③4　④8
⑤7　⑥5
⑦9　⑧9
⑨6　⑩7

2
①6　②8
③3　④9
⑤9　⑥7
⑦5　⑧9
⑨7　⑩3

24　くりさがりの　ある　ひきざん③

1
①7　②7
③7　④7
⑤4　⑥5
⑦8　⑧8
⑨6　⑩7

2
①3　②3
③8　④9
⑤8　⑥6
⑦9　⑧6
⑨9　⑩4

25　くりさがりの　ある　ひきざん④

1
①8　②2
③5　④6
⑤9　⑥3
⑦9　⑧8
⑨4　⑩8

2
①5　②7
③7　④6
⑤9　⑥9
⑦9　⑧6
⑨9　⑩4

26　くりさがりの　ある　ひきざん⑤

1
①9　②7
③9　④6
⑤6　⑥7
⑦8　⑧5
⑨9　⑩6

2
①8　②3
③7　④4
⑤8　⑥8
⑦6　⑧7
⑨5　⑩5

27　くりさがりの　ある　ひきざん⑥

1
①5　②6
③7　④9
⑤5　⑥4
⑦9　⑧8
⑨8　⑩9

2
①8　②4
③6　④8
⑤6　⑥8
⑦2　⑧7
⑨9　⑩4

28　くりさがりの　ある　ひきざん⑦

1
①6　②8
③7　④6
⑤9　⑥9
⑦8　⑧3
⑨5　⑩9

2 ①4 ②9
③8 ④7
⑤7 ⑥5
⑦2 ⑧7
⑨9 ⑩9

29 なんじゅうの けいさん

1 ①70 ②80
③100 ④60
⑤90 ⑥80
⑦90 ⑧90
⑨100 ⑩70

2 ①30 ②10
③30 ④60
⑤30 ⑥40
⑦20 ⑧40
⑨20 ⑩50

30 なんじゅうと いくつの けいさん

1 ①62 ②25
③38 ④96
⑤57 ⑥71
⑦88 ⑧49
⑨23 ⑩64

2 ①50 ②20
③80 ④70
⑤20 ⑥60
⑦40 ⑧90
⑨50 ⑩30

31 100までの かずと いくつの けいさん①

1 ①37 ②59
③84 ④27
⑤69 ⑥99
⑦48 ⑧77
⑨38 ⑩58

2 ①34 ②82
③53 ④21
⑤72 ⑥96
⑦42 ⑧64
⑨35 ⑩82

32 100までの かずと いくつの けいさん②

1 ①89 ②49
③56 ④76
⑤36 ⑥88
⑦78 ⑧28
⑨68 ⑩97

2 ①51 ②64
③23 ④93
⑤83 ⑥22
⑦61 ⑧33
⑨75 ⑩41

教科書ぴったりトレーニング

はなまるシール

★ふろくの「がんばり表」につかおう！
★はじめに、キミのおとも犬をえらんで、がんばり表にはろう！
★がくしゅうがおわったら、がんばり表に「はなまるシール」をはろう！
★あまったシールはじゆうにつかってね。

キミのおとも犬

げんき いっぱい おにく だいすき！
つっこみやく みんなの おせわがかり
ちょっと こわがり さいねんしょう
おっとり どくしょが すき
やさしくて ものしり みんなの せんせい

はなまるシール

すごい！
いいね！
がんばれ！
やったね！
できる！
ナイス！
むずかしい…
がんばろう！
もう1回!!
よく できたね！

こくご
国語
さんすう
算数

ごほうびシール

よくできました

教科書ぴったりトレーニング

さんすう1年 がんばり表

いつも見えるところに、この「がんばり表」をはっておこう。
この「ぴたトレ」をがくしゅうしたら、シールをはろう！
どこまでがんばったかわかるよ。

すきななまえをつけてね！

なまえ

ぴた犬（おとも犬）シールをはろう

シールの中からすきなぴた犬をえらぼう。

おうちのかたへ

がんばり表のデジタル版「デジタルがんばり表」では、デジタル端末でも学習の進捗記録をつけることができます。1冊やり終えると、抽選でプレゼントが当たります。「ぴたサポシステム」にご登録いただき、「デジタルがんばり表」をお使いください。LINE または PC・ブラウザを利用する方法があります。

LINE用 　PC・ブラウザ用

★ ぴたサポシステムご利用ガイドはこちら ★
https://www.shinko-keirin.co.jp/shinko/news/pittari-support-system

---

5. のこりは いくつ ちがいは いくつ
- 28〜29ページ ぴったり12 できたらシールをはろう
- 26〜27ページ ぴったり12 できたらシールをはろう

4. あわせて いくつ ふえると いくつ
- 24〜25ページ ぴったり3 できたらシールをはろう
- 22〜23ページ ぴったり12 できたらシールをはろう
- 20〜21ページ ぴったり12 できたらシールをはろう
- 18〜19ページ ぴったり12 できたらシールをはろう

3. いくつと いくつ
- 16〜17ページ ぴったり3 できたらシールをはろう
- 14〜15ページ ぴったり12 できたらシールをはろう

2. なんばんめ
- 12〜13ページ ぴったり3 できたらシールをはろう
- 10〜11ページ ぴったり12 できたらシールをはろう

1.10までの かず
- 8〜9ページ ぴったり3 できたらシールをはろう
- 6〜7ページ ぴったり12 できたらシールをはろう
- 4〜5ページ ぴったり12 できたらシールをはろう
- 2〜3ページ ぴったり12 できたらシールをはろう

スタート

- 30〜31ページ ぴったり12 できたらシールをはろう
- 32〜33ページ ぴったり12 できたらシールをはろう

6. かずを せいり しよう
- 34〜35ページ ぴったり12 できたらシールをはろう

7.10より おおきい かず
- 36〜37ページ ぴったり12 できたらシールをはろう
- 38〜39ページ ぴったり12 できたらシールをはろう
- 40〜41ページ ぴったり12 できたらシールをはろう
- 42〜43ページ ぴったり3 できたらシールをはろう

8. なんじ なんじはん
- 44ページ ぴったり12 できたらシールをはろう
- 45ページ ぴったり3 できたらシールをはろう

9. どちらが ながい
- 46〜47ページ ぴったり12 できたらシールをはろう
- 48〜49ページ ぴったり3 できたらシールをはろう

10. ふえたり へったり
- 50〜51ページ ぴったり12 できたらシールをはろう
- 52〜53ページ ぴったり12 できたらシールをはろう

11. たしざん
- 54〜55ページ ぴったり12 できたらシールをはろう

---

16. たしざんと ひきざん
- 84〜85ページ ぴったり3 できたらシールをはろう
- 82〜83ページ ぴったり12 できたらシールをはろう

15.20より 大きい かず
- 80〜81ページ ぴったり3 できたらシールをはろう
- 78〜79ページ ぴったり12 できたらシールをはろう
- 76〜77ページ ぴったり12 できたらシールをはろう

14. どちらが おおい どちらが ひろい
- 74〜75ページ ぴったり3 できたらシールをはろう
- 72〜73ページ ぴったり12 できたらシールをはろう

★. たすのかな ひくのかな
- 70〜71ページ ぴったり できたらシールをはろう

13. ひきざん
- 68〜69ページ ぴったり3 できたらシールをはろう
- 66〜67ページ ぴったり12 できたらシールをはろう
- 64〜65ページ ぴったり12 できたらシールをはろう

12. かたちあそび
- 62〜63ページ ぴったり3 できたらシールをはろう
- 60〜61ページ ぴったり12 できたらシールをはろう

- 58〜59ページ ぴったり12 できたらシールをはろう
- 56〜57ページ ぴったり12 できたらシールをはろう

---

17. なんじ なんぷん
- 86ページ ぴったり12 できたらシールをはろう
- 87ページ ぴったり3 できたらシールをはろう

18. ずを つかって かんがえよう
- 88〜89ページ ぴったり12 できたらシールをはろう
- 90〜91ページ ぴったり12 できたらシールをはろう
- 92〜93ページ ぴったり3 できたらシールをはろう

19. かたちづくり
- 94〜95ページ ぴったり12 できたらシールをはろう
- 96〜97ページ ぴったり3 できたらシールをはろう

20. おなじ かずずつ わけよう
- 98〜99ページ ぴったり12 できたらシールをはろう
- 100ページ ぴったり3 できたらシールをはろう

★. レッツ プログラミング
- 101ページ プログラミング できたらシールをはろう

1年の ふくしゅう
- 102〜104ページ できたらシールをはろう

ゴール

さいごまでがんばったキミは「ごほうびシール」をはろう！

ごほうびシールをはろう

教科書ぴったり トレーニングの使い方

『ぴたトレ』は教科書にぴったり合わせて使うことができるよ。教科書も見ながら、勉強していこうね。ぴた犬たちが勉強をサポートするよ。

ふだんの学習

ぴったり1 じゅんび

教科書の だいじな ところを まとめて いくよ。
ねらい で だいじな ポイントが わかるよ。
もんだいに こたえながら、わかって いるか かくにんしよう。　QRコードから「3分でまとめ動画」が視聴できます。
※QRコードは株式会社デンソーウェーブの登録商標です。

ぴったり2 れんしゅう

「ぴったり1」で べんきょうした ことが みについて いるかな？かくにんしながら、もんだいに とりくもう。

★できた もんだいには、「た」を かこう！★

ぴったり3 たしかめのテスト

「ぴったり1」「ぴったり2」が おわったら、とりくんでみよう。学校の テストの 前に やっても いいね。わからない もんだいは、**ふりかえり** を 見て 前に もどって かくにんしよう。

実力チェック

- ✦ なつのチャレンジテスト
- ❄ ふゆのチャレンジテスト
- ⛰ はるのチャレンジテスト
- **1年** さんすうのまとめ 学力しんだんテスト

夏休み、冬休み、春休みの 前に つかいましょう。
学期の おわりや 学年の おわりの テストの 前に やっても いいね。

ふだんの 学しゅうが おわったら、「がんばり表」に シールを はろう。

別冊

まるつけ ラクラクかいとう

もんだいと 同じ ところに 赤字で 「答え」が 書いて あるよ。もんだいの 答え合わせを して みよう。まちがえた もんだいは、下の てびきを 読んで、もういちど 見直そう。

おうちのかたへ

本書『教科書ぴったりトレーニング』は、教科書の要点や重要事項をつかむ「ぴったり1 じゅんび」、おさらいをしながら問題に慣れる「ぴったり2 れんしゅう」、テスト形式で学習事項が定着したか確認する「ぴったり3 たしかめのテスト」の3段階構成になっています。教科書の学習順序やねらいに完全対応していますので、日々の学習（トレーニング）にぴったりです。

「観点別学習状況の評価」について

　学校の通知表は、「知識・技能」「思考・判断・表現」「主体的に学習に取り組む態度」の3つの観点による評価がもとになっています。
　問題集やドリルでは、一般に知識・技能を問う問題が中心になりますが、本書『教科書ぴったりトレーニング』では、次のように、観点別学習状況の評価に基づく問題を取り入れて、成績アップに結びつくことをねらいました。

ぴったり3 たしかめのテスト　チャレンジテスト

- ●「知識・技能」を問う問題か、「思考・判断・表現」を問う問題かで、それぞれに分類して出題しています。
- ●「知識・技能」では、主に基礎・基本の問題を、「思考・判断・表現」では、主に活用問題を取り扱っています。

発展について

はってん … 学習指導要領では示されていない「発展的な学習内容」を扱っています。

別冊『まるつけラクラクかいとう』について

おうちのかたへ では、次のようなものを示しています。

- ・学習のねらいやポイント
- ・他の学年や他の単元の学習内容とのつながり
- ・まちがいやすいことやつまずきやすいところ

お子様への説明や、学習内容の把握などにご活用ください。

もくじ

さんすう1年
日本文教版
しょうがく さんすう

教科書ぴったりトレーニング
▶ 3分でまとめ動画

巻末	なつのチャレンジテスト／ふゆのチャレンジテスト／はるのチャレンジテスト／学力しんだんテスト	とりはずして
別冊	まるつけラクラクかいとう	お使いください

1 10までの　かず
（5までの　かず）

きょうかしょ ① 14〜19 ページ　こたえ 2 ページ

3分でまとめ

◎ ねらい

ものの集まりを数などに表し、1〜5までの数を理解します。

れんしゅう

🦴 かずだけ ◯を ぬりましょう。

うすい じや
せんは
なぞろう。

ひだりうえから
じゅんに
ぬろうね。

◎ ねらい

1〜5までの数を、数字に書くことができるようにします。

れんしゅう

🦴 すうじを かきましょう。

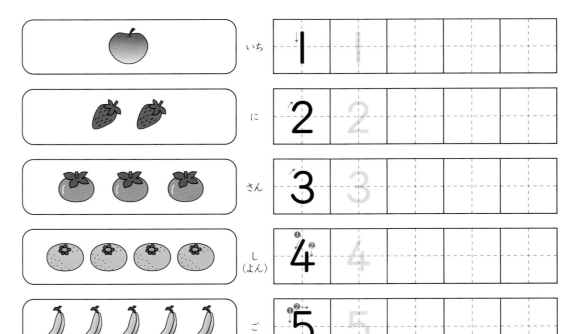

いち　1

に　2

さん　3

し（よん）　4

ご　5

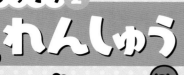

ぴったり 2
れんしゅう

がくしゅうび　　月　　日

★ できた もんだいには、「た」を かこう！ ★
でき　　でき
た

きょうかしょ ① 14〜19ページ　こたえ 2ページ

🐾 おなじ かずを ── で むすびましょう。

きょうかしょ　14〜19ページで、5までの かずの かぞえかたを まなぼう。

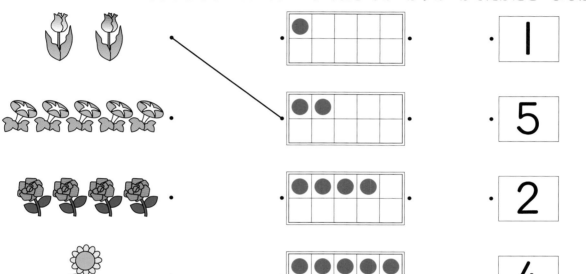

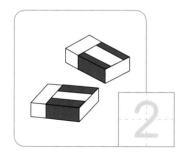 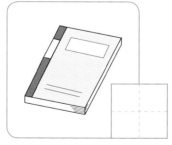 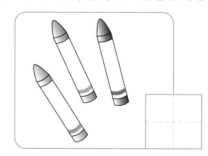

🐾 かずを すうじで かきましょう。

きょうかしょ　16〜17ページで、すうじの かきかたを まなぼう。

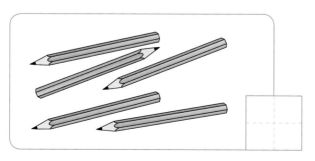 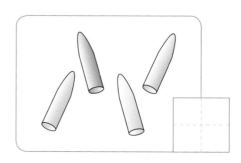

ひんと　　🐾 はじめは、ゆびで えを しっかり おさえながら かぞえよう。

きょうかしょ　① 20〜27ページ　こたえ　2ページ

◎ ねらい

ものの集まりを数などに表し、6〜10までの数を理解します。

れんしゅう

🦴 かずだけ ◯を ぬりましょう。

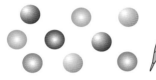   

   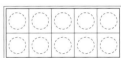

ゆびで えを
かぞえながら、
ぬって いこう。

◎ ねらい

6〜10までの数を、数字に書くことができるようにします。

れんしゅう

🦴 すうじを かきましょう。

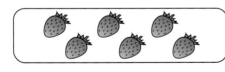　ろく　6　6

　しち（なな）　7　7

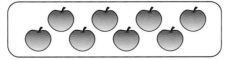　はち　8　8

　く（きゅう）　9　9

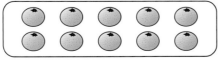　じゅう　10　10

4

ぴったり 2
れんしゅう

★ できた もんだいには、「た」を かこう！★

でき　　でき

きょうかしょ　⬚ 20〜27 ページ　　こたえ　2 ページ

🐾 おなじ かずを ─── で むすびましょう。

きょうかしょ　20〜27ページで、10までの かずの かぞえかたを まなぼう。

 ・　　・ 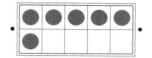 ・　　・

 ・　　・ ・ 10

・ 6

 ・　　・

・ 8

🔍 よくみて

🐾 かずを すうじで かきましょう。

きょうかしょ　24〜25ページで、すうじの かきかたを まなぼう。

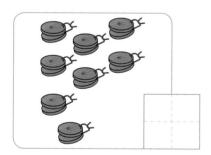 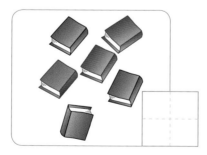 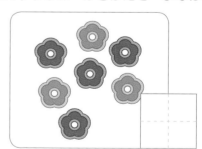

ひんと 🐾 しるしを つけながら かぞえると、まちがわないよ。

5

ぴったり **1**
じゅんび

1 10までの　かず
ひとつ　ふえると
どちらが　おおい
0と　いう　かず

がくしゅうび　　月　　日

📖 きょうかしょ　① 28〜31 ページ　　▱ こたえ　3 ページ

◎ **ねらい**

10までの数の並び方がわかるようにします。

れんしゅう 🐾→

🦴 ◻ に　かずを　かきましょう。

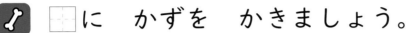

| 1 | 2 | 3 | 4 | |

| 6 | | 8 | | 10 |

かずは、1ずつ
じゅんに　おおきく
なって　いるね。

◎ **ねらい**

10までの数の大小を比べられるようにします。

れんしゅう 🐾→

🦴 ◻ に　かずを　かいて、おおい　ほうに　○を
つけましょう。

せんで　むすんで　みよう

➡ 7 (　)

➡ ◻ (　)

◎ **ねらい**

数としての0の意味を理解し、数字に書き表すことができるようにします。

れんしゅう 🐾→

🦴 ◻ に　かずを　かきましょう。

2

0
(れい)

れい
0
かきかたも
おぼえよう。

★ できた　もんだいには、「た」を　かこう！★

でき　　でき　　でき

きょうかしょ ① 28〜31 ページ　　こたえ　3 ページ

🐾 □に　かずを　かきましょう。

きょうかしょ　28〜29ページで、かずの　ならびかたを　まなぼう。

── 4 ── □ ── 6 ──　　── 9 ── 8 ── □ ──

🐾 おおきい　ほうに　○を　つけましょう。

きょうかしょ　30ページで、かずの　おおきさを　まなぼう。

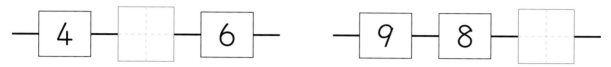

（　　）　（　　）　　　　（　　）　（　　）

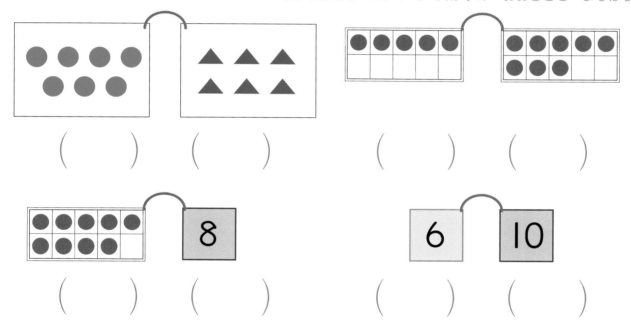

（　　）　（　　）　　　　（　　）　（　　）

🔍 よくみて

🐾 □に　かずを　かきましょう。

きょうかしょ　31ページで、0と　いう　かずを　おぼえよう。

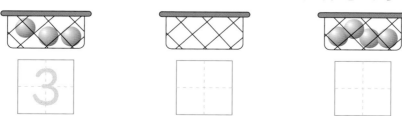

3

😊 ひんと　　🐾 なにも　ないときは　0と　いう　かずだよ。

7

きょうかしょ ① 14〜31 ページ　こたえ　3 ページ

知識・技能　　　　　　　　　　　　　　　　　／100てん

1 かずを　すうじで　かきましょう。

1つ5てん(20てん)

①

②

③

④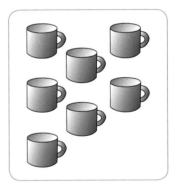

2 きんぎょの　かずを　□に　かきましょう。

1つ5てん(15てん)

①

②

③

8

③ □に　かずを　かきましょう。

□1つ5てん（25てん）

① [1] — [ ] — [3]

② [4] — [ ] — [ ] — [7] — [8]

③ [10] — [ ] — [8] — [ ] — [6]

④ よくでる　おおい　ほうに　○を　つけましょう。

1つ5てん（20てん）

①  （　　）

（　　）

② （　　）

（　　）

③ [9]　[10]

（　　）（　　）

④ [5]　[3]

（　　）（　　）

できたらすごい！

⑤ かずを　すうじで　かきましょう。

1つ10てん（20てん）

① りんご

② みかん

ふりかえり ❶①が　わからない　ときは、4ページの　♪に　もどって　かくにんして　みよう。

ねらい

集まりを表す数と、順序を表す数の違いを理解できるようにします。

れんしゅう ①→

1 せんで　かこみましょう。

「○にん」と「○ばんめ」を
まちがえないでね。

① ひだりから　4にん

ひだり  みぎ

② ひだりから　4ばんめ

ひだり  みぎ

ねらい

数を使って、順序や位置を表すことができるようにします。

れんしゅう ②→

2 どうぶつが　ならんで　います。

まえ　　きつね　　りす　　うさぎ　　たぬき　　ぶた　　ぞう　　うしろ

① りすは　まえから　２　ばんめです。

② うさぎは　うしろから　　　ばんめです。

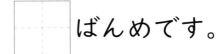

10

★ できた もんだいには、「た」を かこう！★

 でき ① ⬜　 でき ② ⬜

📖 きょうかしょ ① 32〜35ページ　🔲 こたえ　4ページ

1 せんで かこみましょう。

きょうかしょ 32〜33ページで、○だいと ○だいめの ちがいを まなぼう。

① まえから 2だい

まえ うしろ

② まえから 2だいめ

まえ うしろ

2 えを みて こたえましょう。

きょうかしょ 34ページで、なんばんめに ついて かんがえよう。

ひだり　　　　　　　　　　　　　　　　　　　みぎ
りかさん　ゆうたさん　あかねさん　ひかるさん　ゆりさん

「ひだりから」、「みぎから」と いう ことばに きを つけてね。

① あかねさんは ひだりから なんばんめですか。

⬜ ばんめ

⚠ まちがいちゅうい

② ゆうたさんは みぎから なんばんめですか。

⬜ ばんめ

 ひんと　**2**「なんばんめ」を かんがえる ときは どこから かぞえるのか きを つけよう。

11

ぴったり3
たしかめのテスト

② **なんばんめ**

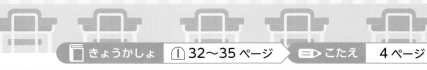

きょうかしょ ① 32〜35ページ　こたえ 4ページ

知識・技能　　　　　　　　　　　　　　　　　　　／100てん

1 よくでる **せんで かこみましょう。**　　　1つ10てん(20てん)

① ひだりから　５こ

② ひだりから　５こめ

2 よくでる □ **に かずを かきましょう。**　　1つ10てん(30てん)

まえ　ねこ　くま　いぬ　きりん　さる　うしろ

① きりんは　まえから　□　ばんめです。

② さるは　まえから　□　ばんめです。

③ くまは　うしろから　□　ばんめです。

12

3 よくでる　えを　みて　こたえましょう。

1つ10てん（20てん）

うえ

すずめ　からす　ふくろう　にわとり

した

① うえから　2ばんめは
なんですか。

（　　　　　　　　）

② したから　4ばんめは
なんですか。

（　　　　　　　　）

4 こどもが　ならんで　います。

1つ10てん（30てん）

ひだり

みぎ

たかしさん　ゆきさん　つよしさん　さおりさん　しんごさん　ゆうかさん

① ひだりから　3ばんめは　だれですか。

（　　　　　　　　）さん

② みぎから　3にんの　なまえを　ぜんぶ
かきましょう。

（　　　　　　）さん、（　　　　　　）さん、（　　　　　　）さん

できならすごい！

③ ひだりから　2ばんめの　ひとは、みぎから
なんばんめですか。

☐ ばんめ

ふりかえり　❶①が　わからない　ときは、10ページの　❶に　もどって
かくにんして　みよう。

13

(いくつと　いくつ)
10 づくり

3分でまとめ

きょうかしょ ① 36〜45 ページ　こたえ　5 ページ

◎ ねらい

5から9までの数の構成を、数の分解や合成を通して理解します。　れんしゅう ① ②→

1 5は　いくつと　いくつですか。

①  ➡ I と 4

おはじきを
みながら
こたえよう。

②  ➡ 2 と ☐

③  ➡ 3 と ☐

2 ──で　むすんで　6に　しましょう。
せん

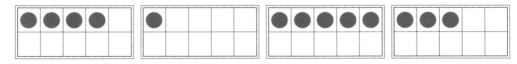

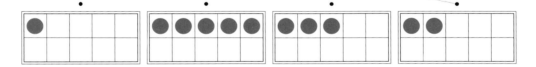

◎ ねらい

10 という数の構成を、数の分解や合成を通して理解します。　れんしゅう ③→

3 10は　いくつと　いくつですか。

①  ➡ I と 9

②  ➡ 4 と ☐

③  ➡ 7 と ☐

★ できた　もんだいには、「た」を　かこう！★

でき 1　でき 2　でき 3

きょうかしょ ① 36〜45 ページ　　こたえ　5 ページ

1 ○を　ぬって　8に　しましょう。

きょうかしょ　41ページで、8は　いくつと　いくつか　まなぼう。

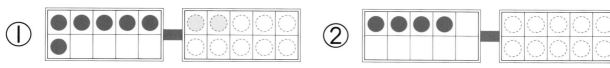

2 □に　かずを　かきましょう。

きょうかしょ　40、42ページで、7と　9は　いくつと　いくつか　まなぼう。

① 7
3　4

② 9
7

③ 9
5

④ 7
2

すうじだけで
わからない　ときは、
おはじきで　しらべて
みよう。

！まちがいちゅうい

3 □に　かずを　かきましょう。

きょうかしょ　43〜45ページで、10は　いくつと　いくつか　まなぼう。

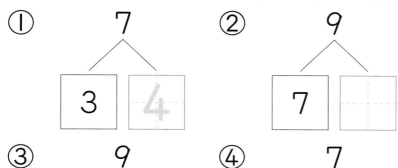
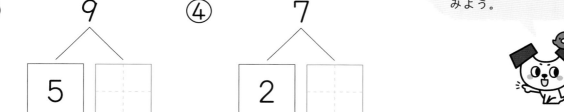

① 10は　3と

② 10は　6と

③ 10は　9と

④ 10は　2と

ひんと ❸ 10は　いくつと　いくつに　わけられるか、おはじきなどを　つかって　かんがえよう。

じかん 30 ぷん
／100
ごうかく 80 てん

きょうかしょ ① 36〜45 ページ　こたえ　5 ページ

知識・技能 ／100てん

1 おはじきが 6こ あります。
かくした かずは いくつですか。

1つ5てん（20てん）

① 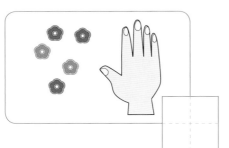　②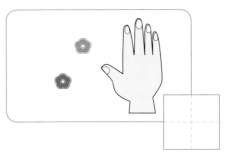

③ 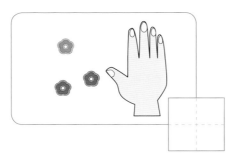　④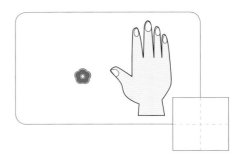

2 よくでる ──で むすんで 7に しましょう。

1つ5てん（20てん）

3 □に　かずを　かきましょう。　1つ5てん（10てん）

① 9
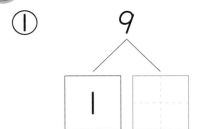
1　□

② 10
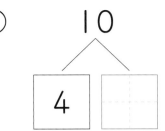
4　□

4 よくでる □に　かずを　かきましょう。　1つ5てん（25てん）

① 9は　4と

② 6は　3と

③ 10は　8と

④ 2と　7で

⑤ 6と　4で □

できたらすごい！

5 たて、よこ、ななめに、10に　なる　かずを
みつけて　せんで　かこみましょう。
1つ5てん（25てん）

2	3	6	1	7
5	8	9	5	2
6	4	9	6	9
9	7	2	7	3
1	8	5	6	1

ふりかえり　❶①が　わからない　ときは、14ページの　❶に　もどって　かくにんして　みよう。

17

④ あわせて いくつ
　 ふえると いくつ

あわせて いくつ

きょうかしょ　②3〜5ページ　こたえ　6ページ

ねらい

「あわせていくつ」の場面では、「たし算」を使うことを理解できるようにします。　れんしゅう ①→

1 あわせると なんこに なりますか。

① 2と 3を
あわせると、□に
なります。

② しきと こたえを
かきましょう。

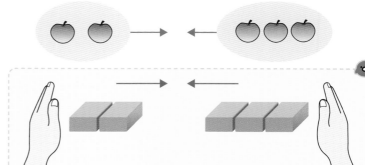

しき　2＋3＝□
　　　2たす　3　は　5

このような
けいさんを
たしざんと いうよ。

こたえ　□ こ

ねらい

たし算の意味を理解し、式に書くことができるようにします。　れんしゅう ① ②→

2 あわせると なんぼんに なりますか。

しき　

かきかたを
おぼえよう。

こたえ　□ ほん

★ できた もんだいには、「た」を かこう！ ★

でき ①　　でき ②

きょうかしょ ②3〜5ページ　こたえ 6ページ

① あわせると いくつに なりますか。　　きょうかしょ5ページ ②

①

しき
$\boxed{3} + \boxed{2} = \boxed{}$

こたえ （　　　　）ひき

②

しき
$\boxed{} + \boxed{} = \boxed{}$

こたえ （　　　　）ほん

③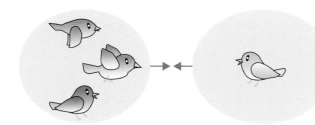

しき
$\boxed{}$

こたえ （　　　　）わ

！ まちがいちゅうい

② たしざんを しましょう。　　きょうかしょ5ページ ①

① $2+1=\boxed{}$　　② $2+2=\boxed{}$

③ $1+2=\boxed{}$　　④ $1+4=\boxed{}$

ひんと ① 「あわせて いくつ」は たしざんで こたえを だすよ。

4 あわせて いくつ
ふえると いくつ

ふえると いくつ

📖 きょうかしょ　②6〜10ページ　✏️こたえ　6ページ

🎯 ねらい

「ふえるといくつ」の場面でも、「たし算」を使うことを理解できるようにします。　れんしゅう ① ②→

1 ふえると なんこに なりますか。

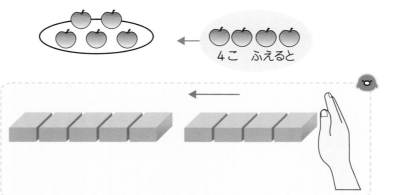

4こ ふえると

① 5に 4を たすと、□に なります。

② しきと こたえを かきましょう。

しき 5 + 4 = □

ふえる ときも
たしざんを
つかうよ。

こたえ □ こ

🎯 ねらい

たし算カードを使って、たし算が正確に速くできるように練習します。　れんしゅう ③→

2 かあどの うらに こたえを かきましょう。

おもて　うら　　　　　おもて　うら

①  　　②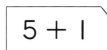

★ できた　もんだいには、「た」を　かこう！ ★

でき ① 　でき ② 　でき ③

きょうかしょ ② 6〜10ページ　こたえ　6ページ

1 ふえると　なんにんに　なりますか。　きょうかしょ8ページ ②

4 にん　くると

しき

$$4 + 4 = \boxed{}$$

こたえ （　　　　）にん

2 くるまが　5だい　とまって　いました。
2だい　きました。
くるまは、ぜんぶで　なんだいに　なりましたか。
　　　　　　　　　　　　　　　きょうかしょ9ページ ③

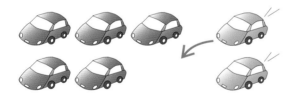

しき

こたえ （　　　　）だい

！まちがいちゅうい

3 こたえが　9に　なる　かあどを　2つ
みつけましょう。
　　　　　　　　　　　　　　　きょうかしょ10ページ ④

あ 7＋1　　い 3＋4　　う 6＋3

え 4＋6　　お 8＋1　　か 3＋5

（　　　　と　　　　）

ひんと　① 「ふえると　いくつ」も　たしざんで　こたえを　だすよ。

4 あわせて　いくつ
ふえると　いくつ

0の　たしざん
おはなしづくり

きょうかしょ ②11〜13ページ　こたえ 7ページ

🎯 **ねらい**

0の意味を理解し、たし算の式に表すことができるようにします。

れんしゅう **1**→

1 ぼうるは、2かいで　なんこ
はいりましたか。

> ぼうるが 1こも
> はいらなかったら、
> 0と　いう　かずを
> つかうよ。

①
けんたさん

1かいめ

2かいめ

$1+2=\boxed{}$

②
ひかるさん

1かいめ

2かいめ

$2+0=\boxed{}$

③
みゆきさん

1かいめ

2かいめ

$\boxed{0}+\boxed{3}=\boxed{}$

🎯 **ねらい**

たし算の式の意味を理解し、式からおはなしがつくれるようにします。

れんしゅう **2**→

2 4＋2＝6の　しきに　なる　おはなしを
つくりましょう。

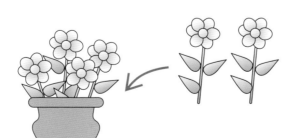

❶ はなが　$\boxed{4}$ ほん
ありました。

❷ $\boxed{}$ ほん　いれました。

❸ はなは、 6ぽんに　なりました。

★ できた もんだいには、「た」を かこう！★

 でき ① 　 でき ②

きょうかしょ ② 11〜13ページ　こたえ　7ページ

よくみて

① 2かいで なんびき すくいましたか。

きょうかしょ11ページ 1

① 　つばささん　1かいめ　2かいめ

しき

$3 + 0 = \boxed{}$

こたえ（　　　）びき

② みゆきさん　1かいめ　2かいめ

しき

$\boxed{} + \boxed{} = \boxed{}$

こたえ（　　　）ひき

② 6+3=9の しきに なる おはなしを
つくりましょう。

きょうかしょ12ページ 1

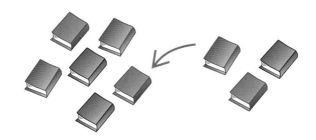

❶ ほんが $\boxed{}$ さつ ありました。

❷ $\boxed{}$ さつ かって きました。

❸ ほんは、$\boxed{}$ 9さつに なりました。

ひんと　① なにも ない ときは、0と いう かずを つかって、しきに あらわす
ことが できるよ。

23

ぴったり③ たしかめのテスト

4 あわせて いくつ ふえると いくつ

じかん 30 ぷん　／100　ごうかく 80 てん

きょうかしょ ② 3〜13 ページ　こたえ 7 ページ

知識・技能　　　　　　　　　　　　　　　　　／75てん

1 よくでる えを みて、しきと こたえを かきましょう。

しき10てん、こたえ5てん（30てん）

①

あわせて なんびき

しき ［　　　　　　　　　　　］　　こたえ（　　　　　）ひき

②

3だい くると

しき ［　　　　　　　　　　　］　　こたえ（　　　　　）だい

2 よくでる たしざんを しましょう。

1つ5てん（30てん）

① 5＋3＝□　　　　② 3＋4＝□

③ 1＋9＝□　　　　④ 2＋5＝□

⑤ 4＋0＝□　　　　⑥ 0＋8＝□

3 こたえが おなじに なる かあどを ●—● で むすびましょう。

1つ5てん（15てん）

1 + 5	3 + 6	4 + 6

3 + 7	4 + 2	5 + 4

思考・判断・表現　　　　　　　　　　　／25てん

4 あかい ふうせんが 8こ、しろい ふうせんが 2こ あります。

　　ふうせんは、あわせて なんこ ありますか。

しき10てん、こたえ5てん（15てん）

しき

こたえ（　　　　　）こ

できたらすごい！

5 5＋3＝8 の しきに なる おはなしを つくりましょう。

（10てん）

ふりかえり ●①が わからない ときは、18ページの ■1に もどって かくにんして みよう。

ふろくの「けいさんせんもんドリル」 1〜4 も やって みよう！

じゅんび

5 のこりは　いくつ
ちがいは　いくつ

のこりは　いくつー(1)

3分でまとめ

きょうかしょ　② 15〜18 ページ　こたえ　8 ページ

ねらい
「のこりはいくつ」の場面では「ひき算」を使うことを理解できるようにします。　れんしゅう ①→

1 のこりは　なんこに　なりますか。

① 5から　3を
とると、□に
なります。

5こ　ありました。　3こ　たべると

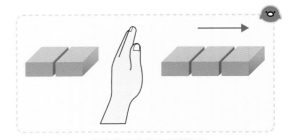

② しきと　こたえを
かきましょう。

しき　5 − 3 = □

5ひく　3　は　2

このような
けいさんを
ひきざんと　いうよ。

こたえ　□　こ

ねらい
ひき算の意味を理解し、式に書くことができるようにします。　れんしゅう ① ② ③→

2 のこりは　なんわに　なりますか。

8わ　いました。　2わ　とんで　いくと

しき [　　−　　=　　]

かきかたを
おぼえよう。

こたえ　□　わ

★ できた　もんだいには、「た」を　かこう！★

でき ① 　でき ② 　でき ③

きょうかしょ ② 15〜18 ページ　　こたえ　8 ページ

① のこりは　なんまいに　なりますか。　きょうかしょ17ページ ②

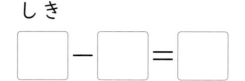

6まい　ありました。　1まい　つかうと

しき

□ − □ = □

こたえ（　　　）まい

② こどもが　7にん　います。4にん　かえりました。
のこりは　なんにんですか。　きょうかしょ17ページ ③

しき

こたえ（　　　）にん

！ まちがいちゅうい

③ ひきざんを　しましょう。　きょうかしょ17ページ ①、18ページ ③

① 5−2 = □　　　② 4−1 = □

③ 9−3 = □　　　④ 10−7 = □

ひんと　① 「のこりは　いくつ」は　ひきざんで　こたえを　だす　ことを　おぼえよう。

のこりは いくつー(2)
0の ひきざん

きょうかしょ　②19〜20ページ　こたえ　8ページ

ねらい
ひき算カードを使って、ひき算が正確に速くできるようにします。　　れんしゅう ① ②→

1 かあどの おもてと うらを •—• で
むすびましょう。

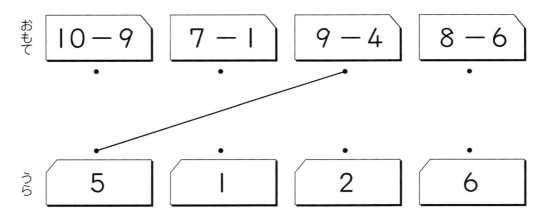

おもて
| 10−9 | 7−1 | 9−4 | 8−6 |

うら
| 5 | 1 | 2 | 6 |

ねらい
0の意味を理解し、ひき算の式に表すことができるようにします。　　れんしゅう ③→

2 ばななが 4ほん あります。

① 4ほん たべると、のこりは
なんぼんですか。

しき 4−4＝ 0

こたえ 　 ほん

② 1ぽんも たべないと、
のこりは なんぼんですか。

しき 4− 0 ＝

1ぽんも
たべない ときは
0を ひこう。

こたえ 　 ほん

ぴったり2
れんしゅう

がくしゅうび　　　月　　日

★ できた もんだいには、「た」を かこう！ ★

① でき　② でき　③ でき

きょうかしょ ②19～20ページ　　こたえ　8ページ

1 かあどの うらに こたえを かきましょう。

きょうかしょ19ページ 5

① おもて **7−6**　うら [1]　　② おもて **8−5**　うら [　]

2 こたえが 3に なる かあどを 2つ みつけましょう。

きょうかしょ19ページ 5

あ **10−3**　　い **5−2**　　う **6−5**

え **8−4**　　お **2−1**　　か **10−7**

（　　　と　　　）

よくみて

3 3ぼん あります。のこりは なんぼんですか。

きょうかしょ20ページ 1

①
2ほん たおすと

$3−2=$ □

②
3ぼん たおすと

$3−3=$ □

③
1ぽんも たおれないと

□ − □ = □

ひんと　　③ 0を つかった たしざんの ときと おなじように、ひきざんでも 0を つかう ことが できるよ。こたえが 0の ときも あるよ。

5 のこりは いくつ
ちがいは いくつ

ちがいは いくつ
おはなしづくり

きょうかしょ ② 21〜26 ページ こたえ 9 ページ

がくしゅうび　月　日

ねらい

「いくつおおい」の場面でも、「ひき算」を使うことを理解できるようにします。　れんしゅう **1** →

1 みかんが　6こ、りんごが　3こ　あります。
どちらが　なんこ　おおいですか。

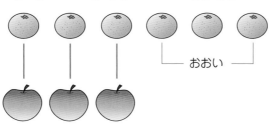

おおい

みかんの　ほうが　おおいね。
これも　ひきざんに
なるよ。

しき　6− 3 ＝ □

こたえ　みかん　が　□　こ　おおい。

ねらい

「ちがいはいくつ」の場面をひき算の式に表し、答えを出せるようにします。　れんしゅう **2** →

2 と の　かずの　ちがいは　いくつですか。

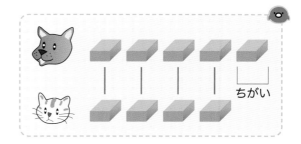

ちがい

ひきざんでは、かならず
おおきい　かずから
ちいさい　かずを　ひくよ。

しき　5− 4 ＝ □

こたえ　□　ぴき

ぴったり2

れんしゅう

がくしゅうび

月　日

★ できた　もんだいには、「た」を　かこう！★

でき ① 　でき ② 　でき ③

きょうかしょ ②21〜26ページ　こたえ 9ページ

1 りんごは、ももより
なんこ　おおいですか。

きょうかしょ21ページ **1**

しき ◯　　　　　　こたえ（　　　）こ

!まちがいちゅうい

2 とんぼが　4ひき、ちょうが
6ぴき　います。
　かずの　ちがいは
いくつですか。

きょうかしょ24ページ **3**

しき ◯　　　　　　こたえ（　　　）ひき

3 7−3＝4の　しきに　なる　おはなしを
つくりましょう。

きょうかしょ25ページ **1**

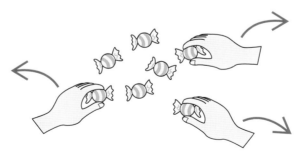

① あめが □こ　ありました。

あめは　なんこ　あって
なんこ　たべたのかな。

② □こ　たべました。

③ のこり は、4こに　なりました。

ひんと **①②**「いくつ　おおい」も　「ちがいは　いくつ」も　ひきざんに　なるよ。

5 のこりは いくつ
ちがいは いくつ

じかん **30** ぷん

／100

ごうかく **80** てん

きょうかしょ ② 15〜26 ページ　こたえ　9 ページ

知識・技能　　　　　　　　　　　　　　　　　／75てん

1 よくでる えを みて、しきと こたえを かきましょう。

しき10てん、こたえ5てん(30てん)

①

9だい ありました。　3だい でて いくと

しき 　　　　　　　　　　　　　　こたえ（　　）だい

② ちがいは いくつですか。

しき 　　　　　　　　　　　　　　こたえ（　　）ほん

2 よくでる ひきざんを しましょう。

1つ5てん(30てん)

① 9−4=◻　　　② 6−1=◻

③ 10−1=◻　　④ 10−8=◻

⑤ 6−6=◻　　　⑥ 7−0=◻

❸ こたえが　おなじに　なる　かあどを　●━━● で
むすびましょう。

1つ5てん（15てん）

| 10－4 | 9－8 | 8－1 |

| 9－2 | 10－9 | 8－2 |

思考・判断・表現　　　　　　　　　　　　　　　　／25てん

❹ よくでる りすが　8ひき、うさぎが　3びき　います。
どちらが　なんびき　おおいですか。

しき10てん、こたえ5てん（15てん）

しき

こたえ（　　　　　）が　（　　　　）ひき
おおい。

できたらすごい！

❺ 7－2＝5の　しきに　なる　おはなしを
つくりましょう。

（10てん）

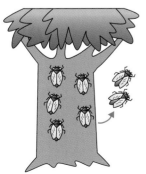

ふりかえり ❶①が　わからない　ときは、26ページの　❶に　もどって
かくにんして　みよう。

ふろくの「けいさんせんもんドリル」⑤〜⑨も　やって　みよう！

6 かずを せいりしよう
かずを せいりしよう

3分でまとめ

📖 きょうかしょ ②28〜31ページ　➡ こたえ 10ページ

🎯 ねらい

ものの個数を、絵や図を使って整理できるようにします。

れんしゅう ①➡

1 はなの かずを くらべましょう。

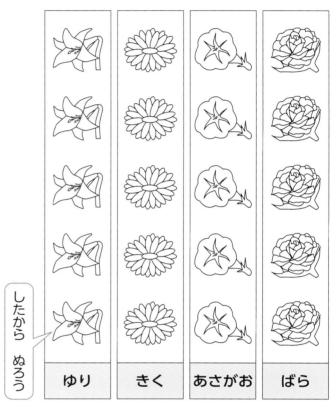

したから ぬろう

| ゆり | きく | あさがお | ばら |

① はなの かずだけ
いろを
ぬりましょう。

② いちばん おおい はなは きく です。

③ いちばん すくない はなは [　] です。

④ ゆりと あさがおの はなの かずの ちがいは
[　]こです。

ぴったり2
れんしゅう

★ できた もんだいには、「た」を かこう！★

でき

①

この ほんの おわりに ある 「なつの チャレンジテスト」を やって みよう！

きょうかしょ ② 28〜31 ページ　　こたえ 10 ページ

① かたちの かずを くらべましょう。　きょうかしょ28ページ 1

| まる | ほし | さんかく | しかく |

① かたちの かずだけ いろを ぬりましょう。

② ◯は なんこ ありますか。　　　（　　　　）こ

③ いちばん おおい かたちを かきましょう。

（　　　　　　　　　）

よくみて

④ ☆と ☐では、どちらが なんこ おおいですか。

（　　　　　　　）が （　　　　）こ おおい。

ひんと　① しるしを つけながら えを かぞえよう。

35

ぴったり1
じゅんび

7 10より おおきい かず
かずの あらわしかたー(1)

3分でまとめ

がくしゅうび　月　日

きょうかしょ ② 36〜41 ページ　こたえ 10 ページ

ねらい
10より大きい数を、「10といくつ」と考えて数えられるようにします。　れんしゅう 1 2 →

1 いくつ ありますか。

①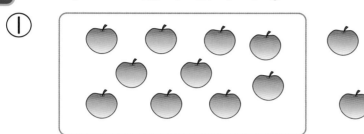

10 と 2 で ☐
じゅうに

10と あと いくつ あるか しらべよう。

②

10 と ☐ で ☐
じゅうろく

まず、10の まとまりを せんで かこんで みよう。

③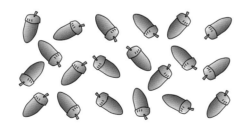

10 と ☐ で ☐
にじゅう

ねらい
数(数字)だけで「10といくつ」の構成が理解できるようにします。　れんしゅう 3 →

2 ☐に かずを かきましょう。

① 10 と 3で ☐　② 10 と 8で ☐

③ 16 は 10 と ☐　④ 20 は 10 と ☐

36

★ できた もんだいには、「た」を かこう！ ★

でき ① でき ② でき ③

きょうかしょ ② 36〜41 ページ　　こたえ 10 ページ

1 かずを かぞえましょう。
きょうかしょ36ページ 1、39ページ 2

①

②

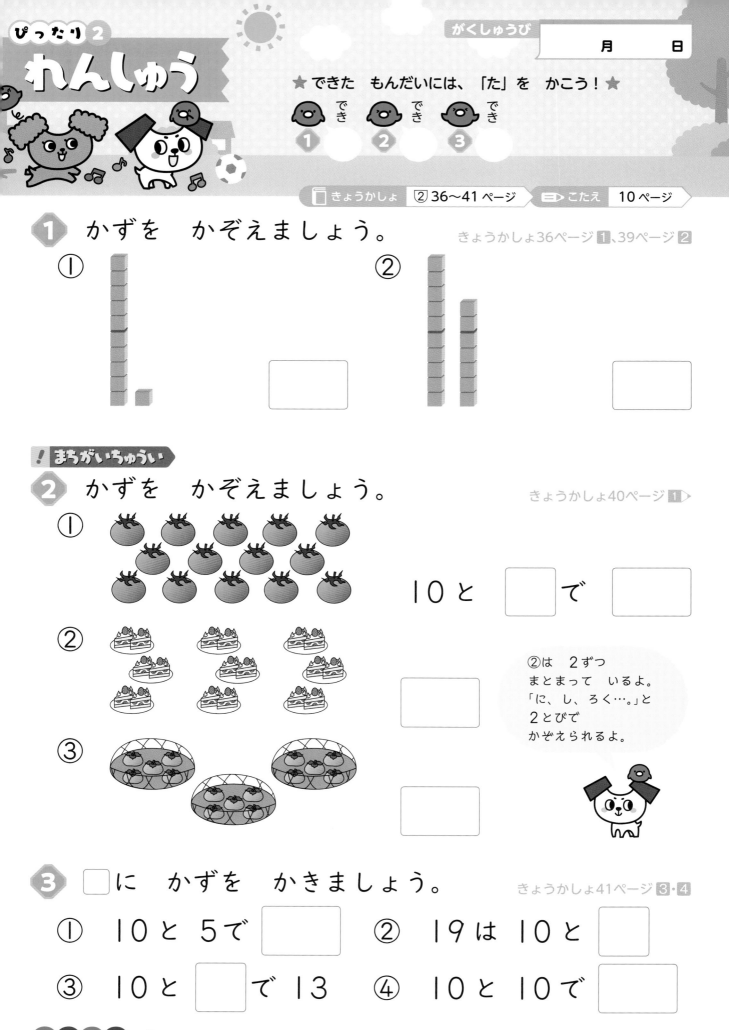

！ まちがいちゅうい

2 かずを かぞえましょう。
きょうかしょ40ページ 1

① 10 と ☐ で ☐

② ②は 2ずつ
まとまって いるよ。
「に、し、ろく…。」と
2とびで
かぞえられるよ。

③

3 ☐に かずを かきましょう。
きょうかしょ41ページ 3・4

① 10 と 5で ☐　　② 19 は 10 と ☐

③ 10 と ☐ で 13　　④ 10 と 10で ☐

ひんと　① 「10の まとまりと、ばらが いくつ」と かんがえて かぞえよう。

きょうかしょ ② 42～43ページ　こたえ 11ページ

ねらい

数の線(数直線)を使って、20までの数の並び方がわかるようにします。

れんしゅう ❶→

1 かずのせんを つかって、□に かずを かきましょう。

0　1　2　3　4　5　6　7　8　9　10　11　12　13　14　15　16　17　18　19　20

① ┃11┃―┃12┃―┃13┃

② ┃　┃―┃15┃―┃　┃―┃17┃

③ ┃　┃―┃16┃―┃18┃―┃　┃

うえのような せんを
かずのせんと いうよ。

ねらい

20までの数の大小関係がわかるようにします。

れんしゅう ❷→

2 おおきい ほうに ○を つけましょう。

① ┃9┃┃13┃　　　② ┃20┃┃18┃
　( ) ( )　　　　　( ) ( )

③ ┃17┃┃12┃
　( ) ( )

わからない ときは、
うえの かずのせんを
みて かんがえよう。

ぴったり 2
れんしゅう

★ できた もんだいには、「た」を かこう！★

きょうかしょ　②42〜43 ページ　　こたえ　11 ページ

❶　したの　かずのせんを　みて、□に　かずを
かきましょう。

きょうかしょ42ページ 5

0　1　2　3　4　5　6　7　8　9　10　11　12　13　14　15　16　　　あ　　　い

①　あの　かずは　⬜17、い の　かずは　⬜

②　11 より　2　おおきい　かずは　⬜

③　16 より　3　ちいさい　かずは　⬜

よくみて

④　[　] ー [19] ー [18] ー [　]

⑤　[8] ー [10] ー [　] ー [14] ー [　]

❷　おおきい　ほうに　○を　つけましょう。

きょうかしょ43ページ 6

①　12　15　②　19　20　③　16　17
（　）（　）　　（　）（　）　　（　）（　）

ひんと　❶　かずのせんは、みぎに　すすむと　かずが　おおきく　なり、ひだりに　すすむと
かずが　ちいさく　なるよ。

39

7 10より おおきい かず
たしざんと ひきざん

きょうかしょ ② 44〜45 ページ　　こたえ　11 ページ

ねらい

「10 といくつ」のたし算とひき算ができるようにします。　　れんしゅう ①→

1 けいさんを　しましょう。

① 10に 4を たした
かずは 　14

② 14から 4を ひいた
かずは 　10

10＋4＝ ☐

14−4＝ ☐

ねらい

「10 いくつといくつ」のたし算とひき算ができるようにします。　　れんしゅう ② ③→

2 13＋4の　けいさんの　しかたを
かんがえましょう。

13＋4＝ ☐

3と 4で 7。
10と 7で 17。

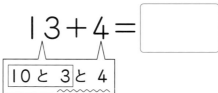
10と 3と 4

3 17−3の　けいさんの　しかたを
かんがえましょう。

17−3＝ ☐

10の　まとまりは
そのままで、ばらの
かずに めを
つけよう。

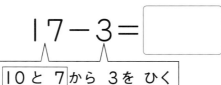
10と 7から 3を ひく

ぴったり 2
れんしゅう

がくしゅうび　　月　　日

★ できた　もんだいには、「た」を　かこう！ ★
でき ① 　 でき ② 　 でき ③

きょうかしょ ② 44〜45 ページ　　こたえ　11 ページ

1 けいさんを　しましょう。

きょうかしょ44ページ ②▶

① 10＋5＝ ⬚　　② 10＋8＝ ⬚

③ 11−1＝ ⬚　　④ 17−7＝ ⬚

2 けいさんを　しましょう。

きょうかしょ45ページ ②・③

① 12＋5＝ ⬚　　② 11＋3＝ ⬚

③ 16−2＝ ⬚　　④ 17−5＝ ⬚

📖 よくよんで

3 いろがみを　15まい　もって　います。
　3まい　もらうと、ぜんぶで　なんまいに
なりますか。

きょうかしょ45ページ ②

しき ⬚

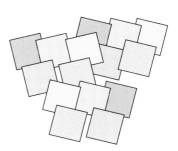

こたえ （　　　）まい

ひんと ② 12＋5は、2と　5で　7。10と　7で　いくつと　かんがえよう。
　　　16−2は、6から　2を　ひいて　4。10と　4で　…。

41

ぴったり③
たしかめのテスト

⑦ 10より おおきい かず

じかん 30 ぷん
／100
ごうかく 80 てん

きょうかしょ ② 36〜45 ページ　　こたえ 12 ページ

知識・技能　　　　　　　　　　　　　　　　／85てん

1 かずを かぞえましょう。　　　1つ5てん(15てん)

①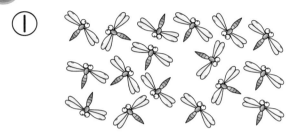

②

③

2 よく出る □に かずを かきましょう。　　□1つ5てん(30てん)

① 10と 6で □

② 19は □ と 9

③ | 20 | 18 | □ | 14 | □ |

④ | □ | 10 | 15 | □ |

③ おおきい　ほうに　〇を　つけましょう。

1つ5てん(10てん)

① 13　10　　　　② 12　20

　（　）（　）　　　　（　）（　）

④ よく出る　けいさんを　しましょう。

1つ5てん(30てん)

① 10+8=☐　　② 12+7=☐

③ 11+6=☐　　④ 13-3=☐

⑤ 18-4=☐　　⑥ 19-4=☐

思考・判断・表現　　　　　　　　　／15てん

⑤ えんぴつを　17ほん　もって　いました。
6ぽん　つかいました。
　のこりは　なんぼんですか。

1つ5てん(10てん)

　しき ☐　　こたえ（　　）ぽん

ふろくの「けいさんせんもんドリル」10〜11も やって みよう!

できたらすごい!

⑥ ☐に　かずを　かきましょう。

(5てん)

0 1 2 3 4 5 6 7 8 9 10 11 12 13 14 15 16 17 18 19 20

　12より ☐ おおきい　かずは　15です。

 ①①が　わからない　ときは、36ページの ① に　もどって
かくにんして　みよう。

43

8 なんじ　なんじはん

なんじ　なんじはん

でき 1

きょうかしょ ②46〜47ページ　こたえ 13ページ

◎ねらい

時計を見て、何時、何時半がよめるようにします。

れんしゅう 1→

1 とけいを　よみましょう。

①  じ

②  ☐ じはん

ながい　はりが
12の　ときは、
「☐じ」と　よみます。

みじかい　はりが　さして　いる
ちいさい　ほうの　すうじを
よむよ。

1 とけいを　よみましょう。

きょうかしょ46ページ ②

①

☐ じ

② ！まちがいちゅうい

☐ じはん

44　●ヒント● 1 ながい　はりが　どこを　さして　いるか　よく　みよう。

⑧ なんじ　なんじはん

じかん **20** ぷん

／100

ごうかく **80** てん

きょうかしょ ② 46〜47 ページ　　こたえ 13 ページ

知識・技能

／100てん

❶ 9じはんは、どちらですか。

(40てん)

あ

い

（　　　　）

❷ よく出る　とけいを　よみましょう。

1つ20てん(60てん)

①　　　　　　　　　②　　　　　　　　　③

（　　　　）じ　　　（　　　　）じ　　　（　　　　）じはん

⑨ どちらが ながい
どちらが ながい

3分でまとめ

きょうかしょ ② 48〜52 ページ　　こたえ 13 ページ

◎ねらい

長さの比べ方がわかるようにします。

れんしゅう ① ② →

1 どちらが ながいですか。

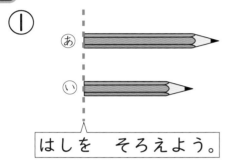

① はしを そろえよう。

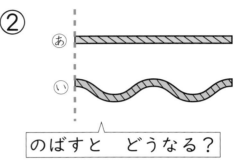

② のばすと どうなる？

③

よこと たての ながさを
テープを つかって
くらべて いるよ。

◎ねらい

鉛筆などを単位として、長さを数値化する意味を理解します。

れんしゅう ③ →

2 いくつぶんの ながさか しらべて います。

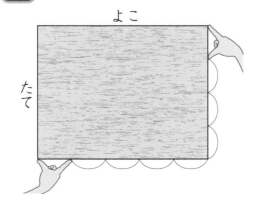

よこ

たて

たては ゆびの あいだの
ながさ、①[4]つぶん。

よこは、②[　]つぶん。

③[　] が ④[　]つぶん
ながい。

ぴったり **2**
れんしゅう

がくしゅうび 月 日

★ できた もんだいには、「た」を かこう！★

でき ① でき ② でき ③

きょうかしょ ② 48～52 ページ　こたえ　13 ページ

1 どちらが ながいですか。

きょうかしょ48ページ **1**

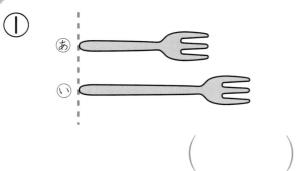

①　あ　い

（　　　）

②　あ　い

（　　　）

2 テープを つかって くらべました。たてと よこでは どちらが ながいですか。

きょうかしょ49ページ **2**

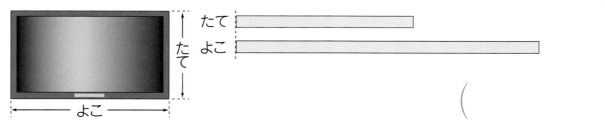

たて　よこ　よこ

（　　　）

🔍 よくみて

3 ながさを くらべましょう。

きょうかしょ52ページ **6**

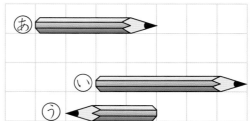

① あは ますの いくつぶんの ながさですか。

（　　　）つぶん

② いと うでは、どちらが どれだけ ながいですか。

（　　　）が ますの （　　　）つぶん ながい。

🐛ヒント ① ② ながさは、まっすぐ のばして くらべよう。

⑨ どちらが ながい

知識・技能　　　　　　　　　　　　　　　　　　　　／100てん

1 どちらが　ながいか　くらべて　います。
ただしい　くらべかたは　どれですか。

1つ10てん(20てん)

① あ　い

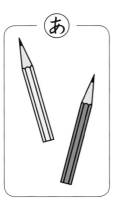 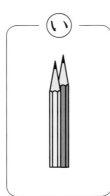

② あ　い

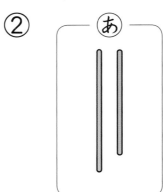 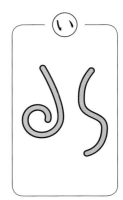

（　　　　）　　　　（　　　　）

2 よく出る　どちらが　ながいですか。

1つ10てん(20てん)

① あ
い

（　　　　）

② あ

い

（　　　　）

❸ テープを　つかって　ながさを
しらべました。
　　ながい　じゅんに　ならべましょう。 (15てん)

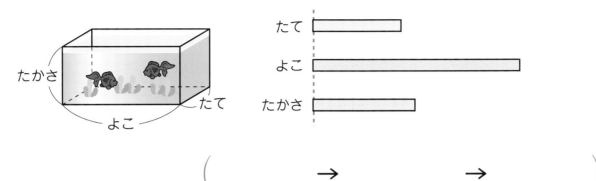

(　　　　　→　　　　　→　　　　　)

❹ よく出る カードで　ながさを　くらべました。
　　ながい　じゅんに　ならべましょう。 (15てん)

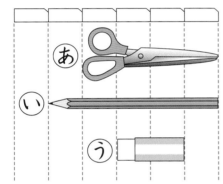

(　　　　　→　　　　　→　　　　　)

できたらスゴイ！

❺ えんぴつの　ながさを　くらべます。 1もん15てん(30てん)
① ㋐と　おなじ　ながさの
　　えんぴつは　どれですか。

(　　　　)

② ㋑と　㋒では、どちらが
　　どれだけ　みじかいですか。

(　　　　)が　ますの（ 　　　　 ）つぶん　みじかい。

ふりかえり ❶①が　わからない　ときは、46 ページの ❶に　もどって
かくにんして　みよう。

⑩ ふえたり　へったり
ふえたり　へったり

3分でまとめ

📖 きょうかしょ　②53〜57ページ　✏ こたえ　15ページ

🎯 **ねらい**

3つの数のたし算やひき算の場面がわかり、式に表せるようにします。

れんしゅう **1** **3** →

1 ぜんぶで　なんわに　なりましたか。

4わ　います。　　　2わ　きました。　　　3わ　きました。

 →  →

しき　4 + 2 □ 3 = □

└ 4+2を　さきに　しよう。

こたえ　□ わ

4 ＋ 2 □ 3 ＝ □
　　　∨
　　　6

🎯 **ねらい**

たし算とひき算の混じった場面がわかり、式に表せるようにします。

れんしゅう **2** **3** →

2 なんこに　なりましたか。

5こ　ありました。　　2こ　とりました。　　3こ　いれました。

 →  →

しき　5 − 2 □ 3 = □

└ まえから　じゅんに　けいさんしよう。

こたえ　□ こ

5−2＝3、3＋3＝6
これを　1つの　しきに
かくと、5−2＋3と
なります。

きょうかしょ ② 53〜57 ページ　こたえ　15 ページ

① のこりは　なんにんですか。
きょうかしょ55ページ ②

9にん　いました。　　3にん　かえりました。　　ふたり　かえりました。

しき _____　　　こたえ （　　　　　）にん

！まちがいちゅうい

② なんわに　なりましたか。
きょうかしょ56ページ ③

2わ　ありました。　　8わ　おりました。　　5わ　あげました。

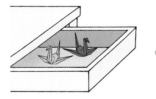  

たすのかな。ひくのかな。

しき _____　　　こたえ （　　　　　）わ

③ けいさんを　しましょう。
きょうかしょ54ページ ②、55ページ ③、56ページ ⑤

① 4＋1＋2＝ ☐　　　　② 13－3－5＝ ☐

③ 8－5＋3＝ ☐　　　　④ 4＋6－7＝ ☐

ヒント ③ 3つの　かずの　けいさんは　まえから　じゅんに　けいさんするよ。

⑩ ふえたり へったり

じかん **30** ぷん

／100

ごうかく **80** てん

きょうかしょ ② 53〜57ページ こたえ 15ページ

知識・技能 ／70てん

1 **1**つの しきに かいて、こたえましょう。

ぜんぶできて1もん20てん(40てん)

① かきが 10こ ありました。　　4こ たべました。　　3こ おちました。

かきは なんこ のこりましたか。

しき 10 ☐ 4 ☐ 3＝ ☐

こたえ （　　　　）こ

② いもが 6ぽん ありました。　　3ぼん いれました。　　4ほん たべました。

いもは なんぼんに なりましたか。

しき ☐

こたえ （　　　　）ほん

52

2 よく出る けいさんを しましょう。 1つ5てん（30てん）

① 2＋1＋5＝ ☐　② 6＋4＋6＝ ☐

③ 10−4−1＝ ☐　④ 18−8−3＝ ☐

⑤ 7＋3−5＝ ☐　⑥ 10−6+1＝ ☐

思考・判断・表現　／30てん

3 よく出る あめが 6こ ありました。
おにいさんが 5こ たべました。
その あと 8こ かって きました。
あめは なんこに なりましたか。

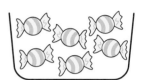

1つ10てん（20てん）

しき ☐　　こたえ（　　　）こ

できたらスゴイ！

4 あから うの うち、5−3+2の しきを
あらわす ものを えらびましょう。 （10てん）

あ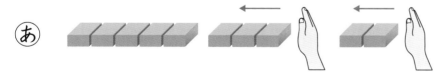

い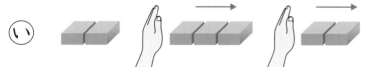

う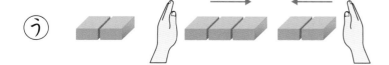

（　　　）

ふりかえり 1①が わからない ときは、50ページの 1に もどって
かくにんして みよう。

11 たしざん
（けいさんの　しかた）

きょうかしょ　②61〜67ページ　こたえ　16ページ

ねらい

たされる数で 10 をつくる、くり上がりのあるたし算を理解します。　れんしゅう ①→

1 9＋3の　けいさんを　します。

9は　あと　いくつで　10に　なるかな。

❶　10の　まとまりを　つくるために、
3を　1と　□に　わける。

❷　9に　1を　たして　□。

❸　10と　2で　□。

9＋3
1　2

10の
まとまりを
つくろう。

ねらい

たす数で 10 をつくる、くり上がりのあるたし算を理解します。　れんしゅう ② ③→

2 5＋8の　けいさんを　します。

8で　10を　つくろう。

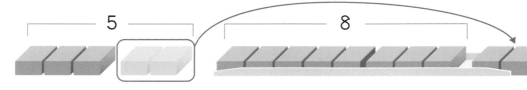

❶　10の　まとまりを　つくるために、
5を　3と　□に　わける。

❷　8に　2を　たして　□。

❸　3と　10で　□。

5＋8
3　2

10の
まとまりを
つくろう。

ぴったり 2
れんしゅう

がくしゅうび

月　　日

★ できた　もんだいには、「た」を　かこう！★

でき①　でき②　でき③

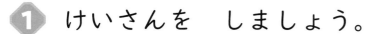

きょうかしょ ②61〜67 ページ　こたえ　16 ページ

1 けいさんを　しましょう。

きょうかしょ61ページ 1 、63ページ 2

① 9＋4＝ ☐

9＋4

☐ ☐

② 8＋3＝ ☐

8＋3

☐ ☐

2 けいさんを　しましょう。

きょうかしょ63ページ 1 、64ページ 2 、67ページ 4

① 2＋9＝ ☐

② 4＋8＝ ☐

③ 4＋9＝ ☐

④ 5＋7＝ ☐

⑤ 8＋9＝ ☐

⑥ 9＋9＝ ☐

📖 よくよんで

3 いろがみが　4まい　ありました。
8まい　もらいました。
　ぜんぶで　なんまいに
なりましたか。

きょうかしょ64ページ 3

しき ☐　　　　こたえ（　　　）まい

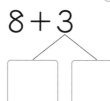 ヒント　**2** ⑤　8＋9は、8で　10を　つくっても、9で　10を　つくっても　いいよ。

11 たしざん
（たしざんカード）

きょうかしょ ②68〜70 ページ　こたえ 16 ページ

◎ねらい
たし算カードを使って、くり上がりのあるたし算の練習をします。　れんしゅう 1 2 ➡

1 カードの　うらに　こたえを　かきましょう。

おもて　　　うら

① 8 ＋ 3 ｜ 11 ｜

②  7 ＋ 6 [　]

③  5 ＋ 9 [　]

④  3 ＋ 9 [　]

けいさんしやすい　やりかたで
けいさんしよう。

◎ねらい
たし算の式の意味を理解し、たし算の問題が作れるようにします。　れんしゅう 3 ➡

2 6＋8の　しきに　なる　もんだいを
つくりましょう。

おんなのこが　6にん
います。
おとこのこが　[　]にん
います。
　こどもは　[　　　]
なんにん　いますか。

どんな　ことばを
いれると　たしざんの
もんだいに　なるかな。

★ できた もんだいには、「た」を かこう！★

でき ① 　でき ② 　でき ③

きょうかしょ ②68〜70ページ　　こたえ 16ページ

① こたえが 11に なる カードを 2つ
みつけましょう。

きょうかしょ68ページ 5

あ 7＋5　　　い 6＋8　　　う 9＋2

え 8＋9　　　お 5＋6　　　か 4＋8

(　　　　と　　　　　)

② こたえの おおきい ほうに ○を
つけましょう。

きょうかしょ68ページ 5

① 8＋5 　 2＋9　　　② 9＋4 　 8＋6
(　)　 (　)　　　　 (　)　 (　)

!まちがいちゅうい

③ 8＋4＝12の しきに あう えを
えらびましょう。

きょうかしょ70ページ 6

あ 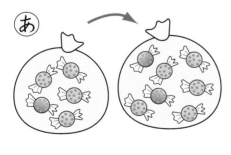　　い 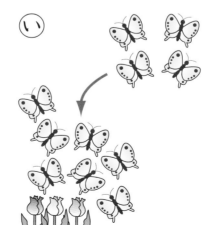　　う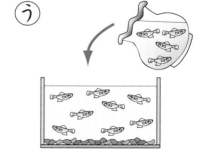

(　　　　　　　)

ヒント ① たしざんを して かんがえよう。

⑪ たしざん

じかん 30 ぷん
／100
ごうかく 80 てん

📖 きょうかしょ ②61〜70ページ　✏️ こたえ　17ページ

知識・技能　　　　　　　　　　　　　　　　　　　／80てん

1 ☐に　かずを　かきましょう。　　　1つ5てん(20てん)

> 9＋5の
> けいさんの
> しかた

❶　9は　あと　☐　で　10。

❷　5を　☐　と　4に　わける。

❸　9に　☐　を　たして　10。

❹　10と　☐　で　☐　。

2 よく出る　たしざんを　しましょう。　　1つ5てん(40てん)

①　9＋6＝☐　　　　②　6＋7＝☐

③　5＋9＝☐　　　　④　3＋9＝☐

⑤　9＋8＝☐　　　　⑥　9＋9＝☐

⑦　7＋5＝☐　　　　⑧　8＋6＝☐

❸ こたえが 12に なる カードを 2つ
みつけましょう。
1つ5てん(10てん)

あ 4＋7　　い 6＋6　　う 9＋7

え 4＋9　　お 5＋8　　か 5＋7

（　　と　　）

❹ こたえが 15に なるように、□に かずを
かきましょう。
1つ5てん(10てん)

① 6＋□　　　② 8＋□

思考・判断・表現 ／20てん

❺ よく出る まみさんは シールを 8まい もって
います。ともだちから 3まい もらうと、ぜんぶで
なんまいに なりますか。
1つ5てん(10てん)

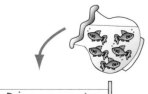

しき □

こたえ（　　）まい

❻ 7＋5の しきに なる もんだいを
つくりましょう。
(10てん)

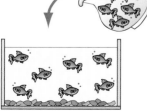

 ❶①が わからない ときは、54ページの ❶に もどって
かくにんして みよう。

59

12 かたちあそび
かたちあそび

3分でまとめ

きょうかしょ　② 72〜76 ページ　　こたえ　18 ページ

ねらい

立体図形を仲間分けし、その図形の特徴がわかるようにします。

れんしゅう 1 →

1 にて　いる　かたちを　——で　むすびましょう。

たいらな　ところや、
まるい　ところに
めを　つけよう。

ねらい

立体を構成する面の形を理解します。

れんしゅう 2 →

2 かたちを　かみに　うつすと、どのように
なりますか。

[　　] から　えらびましょう。

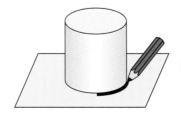

つつの
かたちだね。

あ　　　い　　　う　　　え

きょうかしょ ② 72〜76 ページ　　こたえ 18 ページ

1 ◇◇◇◇ から えらびましょう。
きょうかしょ72ページ **1**、74ページ **2**

① よく ころがる かたち

（　　　　　）

あ	い	う	え

② たかく つめる かたち

（　　　　　）

！まちがいちゅうい

③ 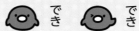 と にて いる かたち

（　　　　　）

2 かたちを うつして、えを かきました。
どの かたちで うつしましたか。
きょうかしょ75ページ **3**

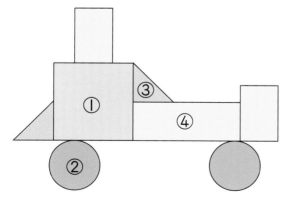

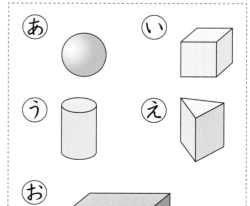

① （　　　　　）　　② （　　　　　）

③ （　　　　　）　　④ （　　　　　）

ヒント ① よく ころがるのは、まるい ところが ある かたち、たかく つめるのは、たいらな ところが ある かたちだね。

⑫ かたちあそび

じかん 30 ぷん

／100

ごうかく 80 てん

きょうかしょ ②72〜76 ページ　こたえ 18 ページ

知識・技能　　　　　　　　　　　　　　　　　　　　　　／70てん

1 よく出る にて いる かたちを □ から ぜんぶ
えらびましょう。

1つ10てん(30てん)

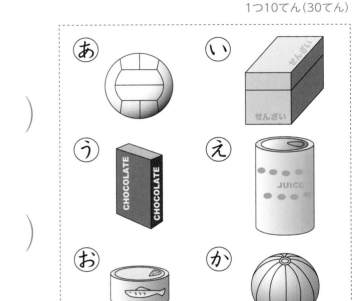

① 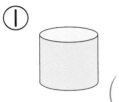　（　　　　　）

② 　（　　　　　）

③ 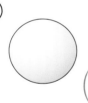　（　　　　　）

2 よく出る かたちを かみに うつすと、どのように
なりますか。●──●で むすびましょう。

1つ10てん(30てん)

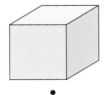　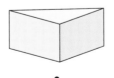

3 ☐ から　ぜんぶ　えらびましょう。　　1つ5てん(10てん)

① たかく　つめる　かたち

（　　　　　　　）

② よく　ころがる　かたち

（　　　　　　　）

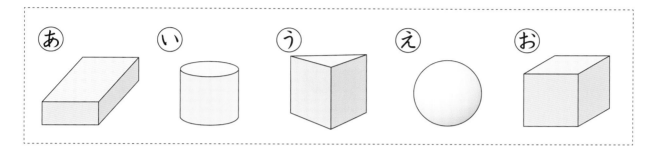

思考・判断・表現　　／30てん

4 にて　いない　かたちは　どれですか。　　(10てん)

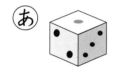   

（　　　　　　　）

できたらスゴイ！

5 かたちを　あてましょう。

1つ10てん(20てん)

① まわりが　ぜんぶ　たいらな
かたち

（　　　　　　　）

② たいらな　ところと　まるい
ところが　ある　かたち

（　　　　　　　）

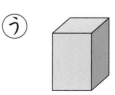

ふりかえり　**1**①が　わからない　ときは、60ページの　**1**に　もどって
かくにんして　みよう。

（けいさんの　しかた）

📖 きょうかしょ　② 79〜84 ページ　✏ こたえ　19 ページ

◎ ねらい

ひかれる数を「10 といくつ」に分けて考える、くり下がりのあるひき算を理解します。　れんしゅう ① ③ →

1 12−8の　けいさんを　します。

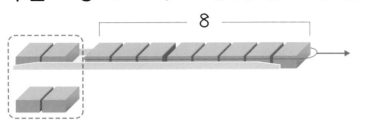

2から　8は
ひけないので、
10 から　8を
ひくんだよ。

❶　12 を　10 と　□　に　わける。

❷　10 から　8を　ひいて　□。

❸　2と　2で　□。

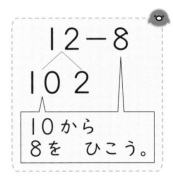

12−8
10 2
10 から
8を　ひこう。

◎ ねらい

ひく数を2つに分けて、2回ひいてくり下げるひき算を理解します。　れんしゅう ① ② ③ →

2 13−4の　けいさんを　します。

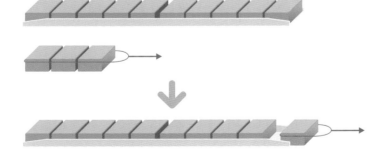

はじめに
13 から　3を　ひいて
10 に　しよう。

❶　4を　3と　□　に　わける。

❷　13 から　3を　ひいて　□。

❸　10 から　1を　ひいて　□。

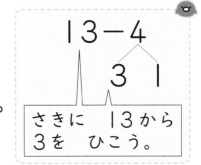

13−4
3 1
さきに　13 から
3を　ひこう。

ぴったり2
れんしゅう

がくしゅうび　　月　　日

★ できた　もんだいには、「た」を　かこう！ ★
でき 1　でき 2　でき 3

きょうかしょ ② 79〜84 ページ　　こたえ　19 ページ

1 けいさんを　しましょう。　　きょうかしょ79ページ 1 、82ページ 3

① 11−9 = ☐

11−9
☐ ☐

② 15−7 = ☐

15−7
☐ ☐

2 けいさんを　しましょう。　　きょうかしょ82ページ 3 、83ページ 4

① 14−5 = ☐　　　　② 13−6 = ☐

③ 11−2 = ☐　　　　④ 12−4 = ☐

⑤ 15−8 = ☐　　　　⑥ 11−7 = ☐

📖 よくよんで

3 いろがみが　13まい　ありました。
7まい　つかいました。
いろがみは、なんまい　のこって　いますか。
きょうかしょ83ページ 4

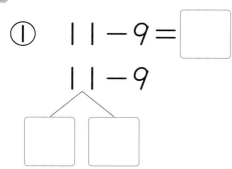

しき ☐

こたえ （　　　　）まい

ヒント　③「のこりは　いくつ」は　ひきざんに　なるよ。

65

ぴったり❶ じゅんび

⓭ ひきざん
（ひきざんカード）

きょうかしょ　② 86〜88 ページ　　こたえ　19 ページ

◎ ねらい
ひき算カードを使って、くり下がりのあるひき算の練習をします。　　れんしゅう ❶ ❷ →

1 カードの　うらに　こたえを　かきましょう。

おもて　　　うら

① 12−5　[7]　　　② 14−8　[　]

③ 11−4　[　]

④ 16−7　[　]

こたえが　おなじ
カードが　あるよ。

◎ ねらい
ひき算の意味を理解し、ひき算の問題が作れるようにします。　　れんしゅう ❸ →

2 12−5の　しきに　なる　もんだいを
つくりましょう。

りんごが　12こ
ありました。

[　]こ　あげると、

[　　　]は　なんこに
なりますか。

はじめに　12こ

どんな　ことばを
いれると、ひきざんの
もんだいに　なるかな。

きょうかしょ ② 86〜88 ページ　　こたえ　19 ページ

1　こたえが　8に　なる　カードを　2つ
みつけましょう。

きょうかしょ86ページ 5

あ 11−3　　い 16−9　　う 14−8

え 13−6　　お 15−6　　か 13−5

（　　　　　と　　　　　）

2　こたえの　おおきい　ほうに　○を
つけましょう。

きょうかしょ86ページ 5

① 11−7　14−9　　② 13−4　15−9

　（　）（　）　　　　（　）（　）

！まちがいちゅうい

3　11−6の　しきに　なる　もんだいは　どれですか。

きょうかしょ88ページ 6

あ　すずめが　11わ　いました。6わ　とんで
いきました。のこりは　なんわに　なりましたか。

い　がようしが　11まい　ありました。6まい
かって　きました。がようしは、ぜんぶで
なんまいに　なりましたか。

（　　　　　）

ヒント　③ もんだいを　よく　よんで　しきに　あらわそう。

67

ぴったり3
たしかめのテスト

⓭ **ひきざん**

じかん **30** ぷん

／100

ごうかく **80** てん

📖 きょうかしょ ② 79～88 ページ　✏ こたえ　20 ページ

 知識・技能　　　　　　　　　　　　　　　　　／80てん

1 ◻ に　かずを　かきましょう。　　　1つ5てん（20てん）

13−8の けいさんの しかた

❶　13 を ◻ と　3に　わける。

❷　10 から ◻ を　ひいて　2。

❸　2 と ◻ で　5。

❹　13−8＝ ◻

2 よく出る　ひきざんを　しましょう。　　　1つ5てん（40てん）

① 14−5＝ ◻ 　　　② 11−4＝ ◻

③ 12−7＝ ◻ 　　　④ 16−7＝ ◻

⑤ 18−9＝ ◻ 　　　⑥ 13−6＝ ◻

⑦ 16−9＝ ◻ 　　　⑧ 15−7＝ ◻

❸ こたえが　6に　なる　カードを　2つ
みつけましょう。

1つ5てん(10てん)

あ　11−2　　　　い　13−8　　　　う　15−9

え　13−7　　　　お　12−5　　　　か　14−6

（　　　　と　　　　）

❹ こたえが　7に　なるように、□に　かずを
かきましょう。

1つ5てん(10てん)

① 13−□　　　　　② 16−□

思考・判断・表現　　　　　　　　　　　／20てん

❺ よく出る　なわとびで、はるかさんは　8かい、
たくやさんは　12かい　とびました。
　たくやさんは、はるかさんより　なんかい　おおく
とびましたか。

1つ5てん(10てん)

しき　　　　　　　　　　　　　こたえ（　　　　　）かい

できたらスゴイ!

❻ 13−9の　しきに　なる　もんだいを
つくりましょう。

(10てん)

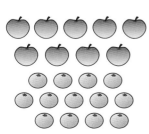

❶が　わからない　ときは、64ページの　❶に　もどって
かくにんして　みよう。

ふりかえり

ふろくの「けいさんせんもんドリル」22〜28も　やって　みよう!

たすのかな　ひくのかな

たすのかな　ひくのかな

きょうかしょ　②90〜91ページ　こたえ　21ページ

 こどもどうぶつえんに　いきました。

① おとこのこが　8にん、おんなのこが　6にん
います。
みんなで　なんにん　いますか。

しき

こたえ（　　　）にん

② しろい うさぎが 14ひき います。くろい
うさぎが 9ひき います。
　どちらが なんびき おおいですか。

しき ［　　　　　　　　　　　　　　　　　］

こたえ （　　　　）い うさぎが

（　　　　）ひき おおい。

③ つのが ある やぎが 5ひき、つのが ない
やぎが 9ひき います。
　やぎは あわせて なんびき いますか。

しき ［　　　　　　　　　　　　　　　　　］

こたえ （　　　　）ひき

④ こどもの ペンギンが 7ひき います。
おとなの ペンギンが 16ぴき います。
　こどもと おとなの かずの ちがいは
なんびきですか。

しき ［　　　　　　　　　　　　　　　　　］

こたえ （　　　　）ひき

14 どちらが　おおい
どちらが　ひろい

かさくらべ
ひろさくらべ

きょうかしょ　②93〜97ページ　こたえ　21ページ

◎ ねらい
入れ物などに入る、水のかさがくらべられるようにします。

れんしゅう ① ②→

1 どちらが　おおく　はいりますか。

①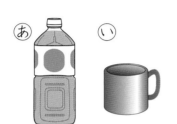

あふれた

②

おなじ　コップを
つかって
しらべたよ。

◎ ねらい
広さ（面積）が比べられるようにします。

れんしゅう ③→

2 どちらが　ひろいですか。

かさねると

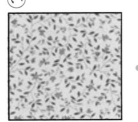 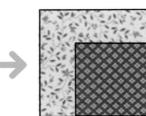

あ　い

はみでた　ほうが
ひろいね。

れんしゅう
ぴったり2

★ できた もんだいには、「た」を かこう！★

でき ① 　 でき ② 　 でき ③

きょうかしょ ② 93〜97 ページ　　こたえ 21 ページ

1 どちらが おおく はいって いますか。

きょうかしょ94ページ 1・2

① ⓐ 　ⓘ 　　② ⓐ 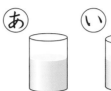　ⓘ

①は いれものが おなじ、
②は みずの たかさが
おなじだよ。

（　　　）　　　　　　　　　　　（　　　）

2 おおく はいって いる じゅんに
ならべましょう。

きょうかしょ95ページ 2

ⓐ

🥛で なんはいぶんか
しらべよう。

ⓘ

ⓤ

（　　　）→（　　　）→（　　　）

🔍 よくみて

3 じんとりゲームを しました。どちらが
かちましたか。

きょうかしょ97ページ 2

ひろい ほうが
かちだよ。

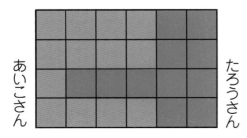

あいこさん　　たろうさん

（　　　）さん

ヒント　● ① みずの たかさを くらべよう。

73

ぴったり3
たしかめのテスト

⑭ どちらが おおい
　どちらが ひろい

じかん 30 ぷん
／100
ごうかく 80 てん

きょうかしょ ② 93〜97 ページ　こたえ 22 ページ

知識・技能 ／100てん

1 みずを　うつしかえて　かさを　くらべます。
　ただしい　くらべかたは　どちらですか。　　　(20てん)

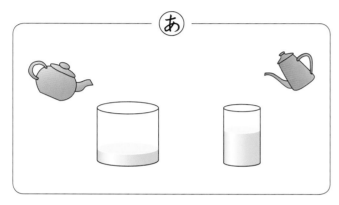 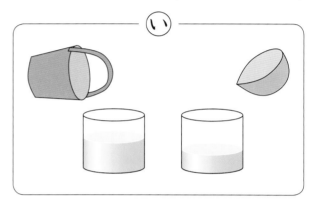

（　　　）

2 よく出る　どちらが　おおく　はいって　いますか。

1つ20てん(40てん)

① �あ　　　　　⑰

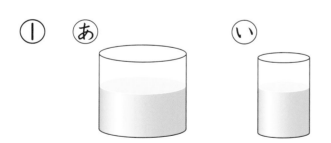

（　　　）

② �③

（　　　）

74

③ よく出る　みずの　かさを　しらべました。

（　）1つ10てん（30てん）

あ　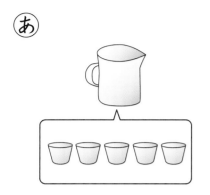

い　

う　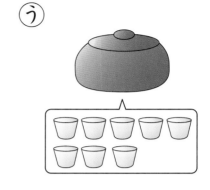

① おおく　はいって　いる　じゅんに
ならべましょう。

（　　　→　　　→　　　）

できたらスゴイ!
② あと　いでは、どちらが　どれだけ　おおく
はいりますか。

（　　　　）が　コップ（　　　　）はいぶん　おおい。

④ じんとりゲームを　しました。いろを　たくさん
ぬって　いる　ほうが　かちです。
かったのは、どちらですか。

（10てん）

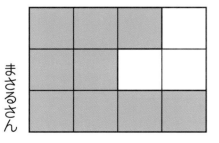

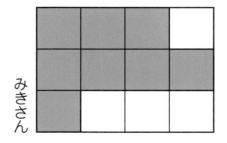

（　　　　　　　）さん

ふりかえり ①が　わからない　ときは、72ページの　①に　もどって
かくにんして　みよう。

この　ほんの　おわりに　ある　「ふゆの　チャレンジテスト」を　やって　みよう!

⑮ 20より　大きい　かず

かずの　あらわしかた

きょうかしょ ②101〜104ページ　こたえ 23ページ

ねらい

100までの数の数え方、書き方、構成を理解します。

れんしゅう ①②→

1 なんこ　ありますか。

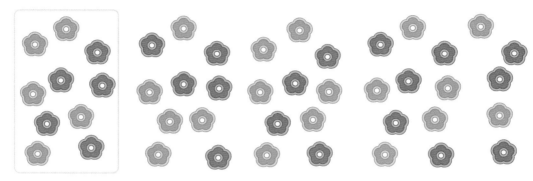

10こずつ　せんで　かこみましょう。

10の　まとまりが　| 4 |こと　ばらが　5こで、

よんじゅうご

| |こ　あります。

45は、十の位が　4で、

一の位が　| |の

かずです。

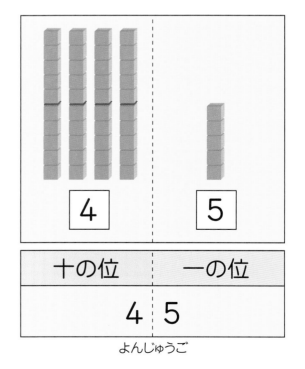

10の　まとまりの　かずを
かく　ところを　十の位、
ばらの　かずを　かく
ところを　一の位と
いうよ。

十の位	一の位
4	5

よんじゅうご

★ できた もんだいには、「た」を かこう！★

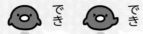
で
き
1
で
き
2

きょうかしょ ② 101〜104 ページ　　こたえ 23 ページ

1 かずを すうじで かきましょう。　きょうかしょ103ページ 1 ▷

①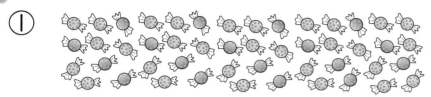

②

③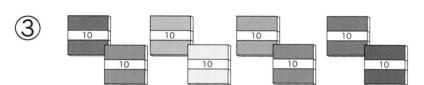

！ まちがいちゅうい

2 □ に かずを かきましょう。　きょうかしょ104ページ 2 ▷

① 10 が 9 こと、1 が 3 こで □

② 十の位が 5、一の位が 4 の かずは □

③ 70 は、10 を □ こ あつめた かずです。

④ 62 は、□ を 6 こと □ を 2 こ
あわせた かずです。

ヒント　❶ 大きな かずは、10 の まとまりが いくつと、1 が いくつと かぞえて、
2つの すうじを つかって あらわすよ。

ぴったり1 じゅんび

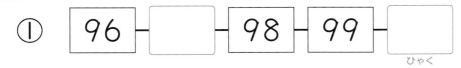

15 20より 大きい かず
100までの かず
100より 大きい かず

3分でまとめ

📖 きょうかしょ　② 105〜111 ページ　🔁 こたえ　23 ページ

🎯 ねらい
100までの数の並び方のきまりや大小がわかるようにします。　れんしゅう ①②③→

1 □に かずを かきましょう。

① 96 — □ — 98 — 99 — □（ひゃく）

② 33 — 43 — □ — 63 — □

> 100は、99より 1 大きい かずです。
> 10を 10こ あつめた かずを 百と いい、100と かきます。

2 大きい ほうに ○を つけましょう。

① 57 49　　　② 71 74

（ ）（ ）　　　（ ）（ ）

🎯 ねらい
100より大きい数の読み書きができて、数の順序や大小を理解します。　れんしゅう ①②③→

3 かずを よみましょう。

① 116　　　② 103

□　　　□

4 □に かずを かきましょう。

① 100より 8 大きい かずは □（ひゃくはち）

② 106は、109より 小さい かず □

109、108、107、106、…。

れんしゅう

★ できた もんだいには、「た」を かこう！ ★

でき ① 　 でき ② 　 でき ③

きょうかしょ ② 105〜111 ページ　　こたえ 23 ページ

1 かずを すうじで かきましょう。

きょうかしょ105ページ **1**、109ページ **1**

①

②

100と いくつかな。

2 ☐ に かずを かきましょう。

きょうかしょ108ページ **3**、110ページ **3**・**1**

① 43 より 4 大きい かずは

② 95 より 2 小さい かずは

③ 100 より 7 大きい かずは

④ 113 より 3 小さい かずは

!まちがいちゅうい

⑤ | 90 | ☐ | ☐ | 100 | 105 | ☐ | ☐ | 115 |

3 大きい ほうに ○を つけましょう。

きょうかしょ108ページ **3**、110ページ **2**

① 51 59 　　 ② 110 109

（　）（　）　　　　（　）（　）

●ヒント　**1** ② 百より 大きい かずは、「百と いくつ」と かんがえよう。
　　　　大きさが わかりやすく なるよ。

⑮ 20より 大きい かず

じかん 30 ぷん
／100
ごうかく 80 てん

きょうかしょ ② 101〜111 ページ こたえ 24 ページ

知識・技能 ／70てん

1 かずを すうじで かきましょう。 1つ5てん(10てん)

①

(　　　　　)

②

(　　　　　)

2 よく出る □に かずを かきましょう。 □1つ5てん(30てん)

① [　] ― [80] ― [90] ― [　] ― [110]

② [70] ― [　] ― [66] ― [64] ― [　]

③ [115] ― [116] ― [　] ― [118] ― [　]

3 よく出る 大きい ほうに ○を つけましょう。
1つ5てん(10てん)

① 66 69
(　)(　)

② 120 102
(　)(　)

4  よく出る □に　かずを　かきましょう。　　　　1つ5てん(20てん)

① 38の　十の位の　かずは □

② 十の位が　6、一の位が　0の　かずは □

③ 10を　7こと、1を　2こ　あわせた
かずは □

④ 100より　2　小さい　かずは □

思考・判断・表現　　　　　　　　　　　　　　　／30てん

5 54は、どんな　かずと　いえますか。
□に　かずを　かきましょう。　　　　1つ10てん(20てん)

① □ と　4を　あわせた　かず

② □ より　6　小さい　かず

できたらスゴイ！

6 120までの　かずで、一の位が　4の　かずを
ぜんぶ　かきましょう。　　　　　　　　　　　　(10てん)

 ①①が　わからない　ときは、76ページの　1に　もどって
かくにんして　みよう。

81

16 たしざんと ひきざん
たしざんと ひきざん

| きょうかしょ ②115〜119ページ | こたえ 25ページ |

ねらい

何十と何十のたし算、ひき算ができるようにします。

れんしゅう ①→

1 30+10の けいさんの しかたを
かんがえます。

　　30は、10の まとまりが 3こ。
　　10は、10の まとまりが
　　□こだから、10の まとまりが、

　3+1=□（こ）で、

　30+10=□

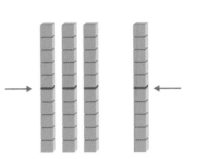

10の まとまりで
かんがえよう。

ねらい

何十いくつといくつのたし算、ひき算ができるようにします。

れんしゅう ②③→

2 32+3の けいさんの しかたを かんがえます。

　　32は、30と □。

　一の位が、2+3=□ だから、

　32+3=□

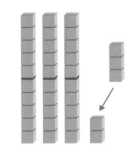

一の位の 2に
3を たすんだね。

1 けいさんを しましょう。 きょうかしょ115ページ **1**、117ページ **2**

① 30＋20＝ ☐   ② 40＋60＝ ☐

③ 50−10＝ ☐   ④ 100−70＝ ☐

10の まとまりが 5−1＝4（こ）

!**まちがいちゅうい**

2 けいさんを しましょう。 きょうかしょ118ページ **3**・**4**、119ページ **5**・**6**

① 60＋7＝ ☐   ② 43＋5＝ ☐

③ 86＋2＝ ☐   ④ 39−9＝ ☐

⑤ 46−2＝ ☐   ⑥ 75−4＝ ☐

3 チョコレートが 28こ ありました。
4こ たべました。
のこりは なんこですか。
きょうかしょ119ページ **9**

しき ☐   こたえ（   ）こ

ヒント **2** ② 43＋5＝93では ないよ。5は どの すう字に たすのかな？
43を 40と 3に わけて かんがえよう。

⑯ たしざんと ひきざん

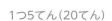
知識・技能　　　　　　　　　　　　　　　　　／80てん

1 70−20の けいさんの しかたを かんがえます。
□に かずを かきましょう。

1つ5てん(20てん)

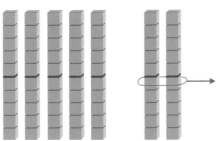

❶ 70は 10が □ こ、

　　20は 10が □ こです。

❷ 10の まとまりが

　　7−2= □ (こ)と

　　かんがえて、

❸ 70−20= □

2 よく出る けいさんを しましょう。

1つ5てん(30てん)

① 50+30= □ 　② 40−10= □

③ 20+60= □ 　④ 80−30= □

⑤ 10+90= □ 　⑥ 100−60= □

3 よく出る けいさんを しましょう。 1つ5てん(30てん)

① 80+3=□

② 47-7=□

③ 24+5=□

④ 86-2=□

⑤ 32+6=□

⑥ 75-4=□

思考・判断・表現　　　　　　　　　　　／20てん

4 よく出る ちゅうしゃじょうに 車（くるま）が 24だい
とまって います。5だい はいって きました。
車は ぜんぶで なんだいに なりましたか。

1つ5てん(10てん)

しき □

こたえ（　　　　　）だい

できたらスゴイ！

5 100円（えん）で、30円の えんぴつと
50円の けしゴムを かいました。
のこりは なん円ですか。

1つ5てん(10てん)

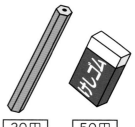

30円　50円

しき □

こたえ（　　　　　）円

1が わからない ときは、82ページの **1**に もどって
かくにんして みよう。

ふろくの 「けいさんせんもんドリル」 29〜32 も やって みよう！

85

ぴったり1 じゅんび
ぴったり2 れんしゅう

3分でまとめ

17 なんじ なんぷん
なんじ なんぷん

がくしゅうび　月　日

でき 1

きょうかしょ ② 120〜122 ページ　こたえ 26 ページ

◎ ねらい
時計のよみ方や時計のしくみを理解します。

れんしゅう 1 →

1 とけいを よみましょう。

みじかい はりが 3と
4の あいだ → ③ じ

ながい はりが、小さい
めもりで 32 めもり
→ ◻ ふん

➡ ◻ じ ◻ ふん

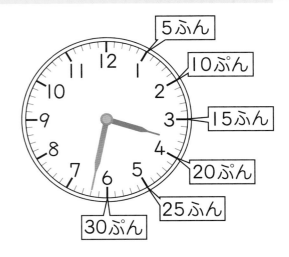

5ふん
10ぷん
15ふん
20ぷん
25ふん
30ぷん

小さい 1めもりが
1ぷんを あらわして
いるよ。

1 なんじ なんぷんですか。

きょうかしょ121ページ 3

! まちがいちゅうい

① ② ③

(じ ふん)(じ ふん)(じ ふん)

ヒント 1 ながい はりは ひとめもりが 1ぷんだよ。

⑰ なんじ なんぷん

じかん **20** ぷん

／100

ごうかく **80** てん

きょうかしょ ② 120～122 ページ こたえ 26 ページ

1 おなじ じかんを ●──● で むすびましょう。

1つ20てん(60てん)

・ ・ ・

・ ・ ・

| 9じ30ぷん | 10じ57ふん | 3じ37ふん |

2 よく出る ながい はりを せんで かきましょう。

1つ20てん(40てん)

できたらスゴイ！

① 6じ45ふん ② 11じ24ぷん

18 ずを つかって かんがえよう
(ずを つかって かんがえる－(1))

きょうかしょ　② 123〜126 ページ　こたえ　26 ページ

ねらい

順序を表す数の問題を、式を立てて解けるようにします。

れんしゅう ①→

1 子どもたちが 1れつに ならんで います。
つばささんは、まえから 4ばんめです。
つばささんの うしろに 3人 います。
みんなで なん人 いますか。

4ばんめ

まえ ○ ○ ○ ● ○ ○ ○
└── 4人 ──┘ └ 3人 ┘

しき　4＋

こたえ □ 人

ねらい

単位の異なる数量の計算ができるようにします。

れんしゅう ②→

2 しゃしんを とります。6きゃくの いすに
ひとりずつ すわり、うしろに 5人 たちます。
なん人で しゃしんを とりますか。

6 きゃく

ずの □に かずを かこう。

いす ○ ○ ○ ○ ○ ○
ひと ○ ○ ○ ○ ○ ○ ○ ○ ○ ○ ○
└───── うしろに ─────┘

□ 人

しき □

こたえ □ 人

いすに すわった
ひとは
なん人かな。

★ できた もんだいには、「た」を かこう！ ★

できき ① 　 できき ②

きょうかしょ ② 123〜126 ページ 　 こたえ 26 ページ

よくよんで

1 おみせの まえに 10人 ならんで います。
あやさんは、まえから 3ばんめです。
　あやさんの うしろには、なん人 いますか。

きょうかしょ124ページ 2

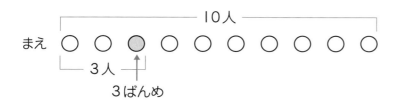

しき [　　　　　　　　　] こたえ（　　　）人

2 えんぴつが 11本 あります。
　7人の 子どもに 1本ずつ くばると、
えんぴつは なん本 のこりますか。

きょうかしょ126ページ 4

□ 本

えんぴつ ○ ○ ○ ○ ○ ○ ○ ○ ○ ○ ○

子ども ○ ○ ○ ○ ○ ○ ○

□ 人

ずの □に かずを かこう。
えんぴつは なん本
くばるのかな。

しき [　　　　　　　　　] こたえ（　　　）本

ヒント ❶ ○の ずを かいて みると、あやさんまでに 3人 いる ことが はっきりするよ。

ぴったり1

じゅんび

18 ずを つかって かんがえよう

(ずを つかって かんがえる－(2))

きょうかしょ ②127～131 ページ　　こたえ 27 ページ

ねらい

多い方の数を求める問題が解けるようにします。　　れんしゅう 1 ➡

1 犬が 6ぴき います。

ねこは、犬より 5ひき おおいです。

ねこは なんびき いますか。

ずを かくと わかりやすいね。

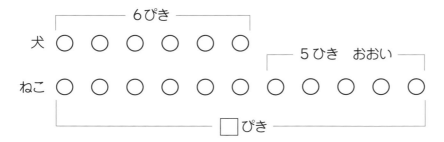

おおい ほうの かずは たしざんで もとめます。

しき ［　　　　　　　］　　こたえ ［　　］ぴき

ねらい

少ない方の数を求める問題が解けるようにします。　　れんしゅう 2 ➡

2 みかんが 9こ あります。

りんごは みかんより 3こ すくないです。

りんごは なんこ ありますか。

しきは、たしざんかな。ひきざんかな。

```
       ┌──── 9こ ────┐
みかん ○ ○ ○ ○ ○ ○ ○ ○ ○

りんご ○ ○ ○ ○ ○ ○ ⦿ ⦿ ⦿
      └── □こ ──┘ └3こ すくない┘
```

しき ［　　　　　　　］　　こたえ ［　　］こ

★ できた　もんだいには、「た」を　かこう！ ★

で
き　①　　で
き　②

きょうかしょ　② 127〜131 ページ　　こたえ　27 ページ

① ものがたりの　本
ほんが　6さつ　あります。
ずかんは、ものがたりの　本より　6さつ　おおいです。
ずかんは　なんさつ　ありますか。 きょうかしょ127ページ 5

┌──── 6さつ ────┐

ものがたりの　本　○ ○ ○ ○ ○ ○

　　　　　　　　　　　┌── 6さつ　おおい ──┐

ずかん　○ ○ ○ ○ ○ ○ ○ ○ ○ ○ ○ ○

しき　[　　　　　　　　　　　]　　こたえ（　　　）さつ

！まちがいちゅうい

② ゆりが　13本
ぼん　さいて　います。バラは、
ゆりより　5本　すくないです。
バラは　なん本　さいて　いますか。 きょうかしょ130ページ 6

[　　]本

ゆり　○ ○ ○ ○ ○ ○ ○ ○ ○ ○ ○ ○ ○

バラ　○ ○ ○ ○ ○ ○ ○ ○ ⦶ ⦶ ⦶ ⦶ ⦶

ずの　□に　かずを
かいて　かんがえよう。

[　　]本
すくない

しき　[　　　　　　　　　　　]　　こたえ（　　　）本

ヒント　② すくない　ほうの　かずは　ひきざんで　もとめよう。

ぴったり3 たしかめのテスト

18 ずを つかって かんがえよう

じかん **30** ぷん

／100

ごうかく **80** てん

きょうかしょ ② 123〜131 ページ こたえ 27 ページ

知識・技能 ／10てん

1 よく出る つぎの ばめんを あらわして いる ずは どれですか。

「赤い いろがみが 4まい あります。青い いろがみは 赤い いろがみより 2まい すくないです。」

(10てん)

（　　　）

ⓐ 赤 ■■■■
　 青 ■■■■■

ⓘ 赤 ■■■■
　 青 ■■□□

思考・判断・表現 ／90てん

2 バスの ていりゅうじょに 14人 ならんで います。たもつさんは、まえから 8ばんめです。
たもつさんの うしろには、なん人 いますか。
ずの □ に かずを かいて こたえましょう。

□1つ5てん、（　）1つ10てん(30てん)

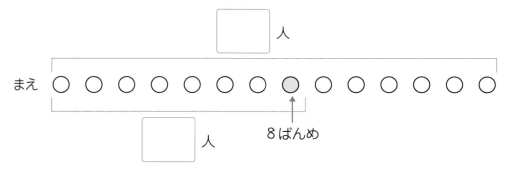

□ 人

まえ ○ ○ ○ ○ ○ ○ ○ ● ○ ○ ○ ○ ○ ○

□ 人　　8ばんめ

しき （　　　　　　　　　　） こたえ （　　　　）人

92

3 よく出る　がようしが　12まい　あります。
　9人の　子どもに　1まいずつ　くばると、
がようしは　なんまい　のこりますか。
　ずの　□に　かずを　かいて　こたえましょう。

□1つ5てん、（　）1つ10てん（30てん）

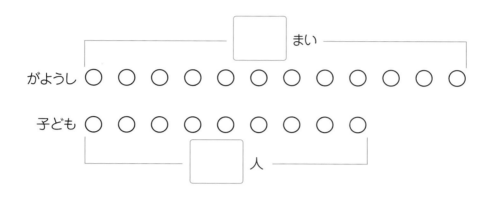

しき　（　　　　　　　　　　　　　）

こたえ　（　　　　）まい

できたらスゴイ！

4 あきさんは　おはじきを　4こ　もって　います。
ひろとさんは　あきさんより　1こ　おおく　もって
います。りかさんは　ひろとさんより　3こ　おおく
もって　います。
　りかさんは　おはじきを　なんこ　もって
いますか。

1つ15てん（30てん）

しき

こたえ　（　　　　）こ

ふりかえり　❶が　わからない　ときは、90ページの　❷に　もどって
かくにんして　みよう。

ぴったり1 じゅんび

19 かたちづくり
かたちづくり

きょうかしょ ② 132〜135 ページ ｜ こたえ 28 ページ

3分でまとめ

◎ ねらい
色板を使って、三角形や四角形の構成や分解ができるようにします。

れんしゅう ①②→

1 右の いろいたが なんまいで できますか。

①

☐ まい

②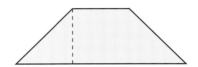

☐ まい

さんかくに
わけて　みよう。

うらがえしたり、
まわしたりして
ならべたよ。

◎ ねらい
色棒を使って形を作り、図形の要素に関する理解を深めます。

れんしゅう ③→

2 いろの　ぼうで　かたちを　つくりました。
なん本　つかいましたか。

①

②

③

①は　しかく、
②は　さんかくだね。

 ☐ 本

☐ 本

☐ 本

きょうかしょ ② 132〜135 ページ　　こたえ　28 ページ

1 右の　いろいたが　なんまいで
できますか。

きょうかしょ133ページ ②

①　　　　　　　　　②　　　　　　　③

（　　　　　）まい　　（　　　　　）まい　　（　　　　　）まい

🔍 よくみて

2 いろいたを　１まいだけ　うごかして　右の
かたちを　つくりました。
どの　いろいたを　うごかしましたか。

きょうかしょ133ページ ③

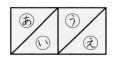
１まい　うごかす

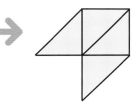

（　　　　）

3 いろの　ぼうを　なん本　つかって
つくりましたか。

きょうかしょ134ページ ④

①　　　　　②　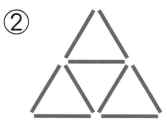

（　　　　）本　　　　　　　　　（　　　　）本

🐾 ヒント　**1** さんかくに　わけて　かんがえよう。

きょうかしょ ② 132〜135 ページ　　こたえ　28 ページ

知識・技能 ／50てん

1 よく出る あの　いろいたが　なんまいで
できますか。

1つ10てん（30てん）

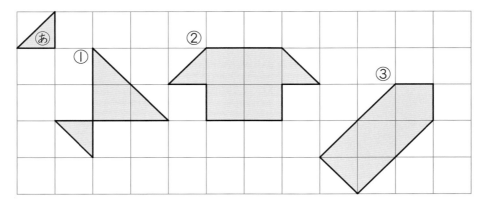

① （　　　）まい　② （　　　）まい　③ （　　　）まい

2 いろの　ぼうを　なん本（ぼん）　つかって
つくりましたか。

1つ10てん（20てん）

①

②

（　　　）本（ぽん）　　　　　　　　　　（　　　）本

思考・判断・表現

／50てん

3 いろいたを　｜まいだけ　うごかして
右の　かたちを　つくりました。
　どの　いろいたを　うごかしましたか。

1つ10てん（30てん）

①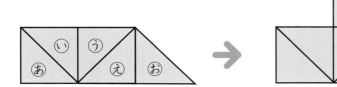

（　　　　）

②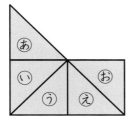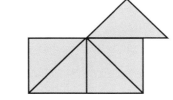

（　　　　）

③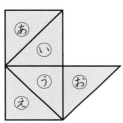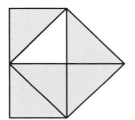

（　　　　）

4 せんを　｜本　ひいて、2つの　かたちに
わけましょう。

1つ10てん（20てん）

① 2つの　さんかくに
わける。

できたらスゴイ！

② 2つの　しかくに
わける。

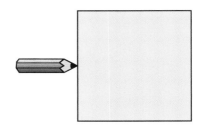

ふりかえり ❸①が　わからない　ときは、94 ページの **1** に　もどって
かくにんして　みよう。

ぴったり① じゅんび

⑳ おなじ かずずつ わけよう

おなじ かずずつ わけよう

きょうかしょ ②136〜137ページ　こたえ 29ページ

ねらい　数を等分する意味と方法を理解します。　れんしゅう ①②→

1 あめが 6こ あります。ひとりに 2こずつ わけます。なん人に わけられますか。

ひとりぶん

① 2こずつ ◯で かこみましょう。

② しきに あらわしましょう。

$2 + \boxed{2} + \boxed{} = 6$

おなじ かずの たしざんで あらわそう。

③ □人に わけられます。

2 りんごが 9こ あります。3人で おなじ かずずつ わけると、ひとりぶんは なんこに なりますか。

① 1こずつ わけると、

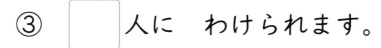
└→ 1+1+1=3(こ) へります。

□こ のこります。

② 2こずつ わけると、

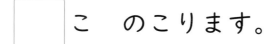
└→ 2+2+2=6(こ) へります。

まだ □こ のこります。

③ □こずつ わけると、

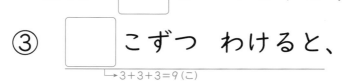
└→ 3+3+3=9(こ)

ちょうど わけられます。

ずに あらわして みよう。

→ この　ほんの　おわりに　ある　「はるの　チャレンジテスト」を　やって　みよう！

きょうかしょ ② 136～137 ページ　　こたえ　29 ページ

1 ボールが　12こ　あります。
なん人かに　おなじ　かずずつ　わけます。

きょうかしょ136ページ 1

① ひとりに　3こずつ　わけると、なん人に
わけられますか。

⚾⚾⚾⚾⚾⚾⚾⚾⚾⚾⚾⚾

（　　　　）人

② ひとりに　4こずつ　わけると、なん人に
わけられますか。

⚾⚾⚾⚾⚾⚾⚾⚾⚾⚾⚾⚾

（　　　　）人

！まちがいちゅうい

2 みかんが　15こ　あります。

きょうかしょ137ページ 2

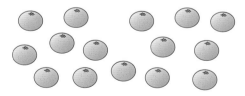

① 3人で　おなじ　かずずつ　わけると、
ひとりぶんは　なんこに　なりますか。

（　　　　）こ

② 5人で　おなじ　かずずつ　わけると、
ひとりぶんは　なんこに　なりますか。

（　　　　）こ

ヒント　　1 おなじ　かずずつ　◯で　かこんで　かんがえよう。

99

⑳ おなじ かずずつ わけよう

きょうかしょ ② 136〜137 ページ　こたえ 29 ページ

知識・技能　　　　　　　　　　　　　　　　　　／60てん

❶ りんごが 18こ あります。
なん人かに おなじ かずずつ わけます。

1つ30てん(60てん)

① ひとりに 2こずつ わけると、なん人に
わけられますか。

（　　　　）人

② 3人で おなじ かずずつ わけると、
ひとりぶんは なんこに なりますか。

（　　　　）こ

思考・判断・表現　　　　　　　　　　　　　　　／40てん

できたらスゴイ!

❷ ガムが 10こ あります。あまらないように
わけられるのは どれですか。

(40てん)

　あ ひとりに 4こずつ わける。
　い ひとりに 5こずつ わける。

（　　　　）

ふりかえり　❶①が わからない ときは、98ページの ❶に もどって
かくにんして みよう。

レッツ プログラミング

きょうかしょ　②140ページ　　こたえ　29ページ

1 いすに　すわる　ときの　うごきを
「小さい　うごき」に　わけて　みましょう。

うごきを　おもい出して
わけて　みよう。

① いすを　　ひく　。

↓

② いすに　　すわる　。

2 手を　あらう　ときの　うごきを
「小さい　うごき」に　わけます。

　　　　　　に　あてはまる　ことばを　右の
ことばカードから　えらんで　かきましょう。

手を　ぬらす。

↓

① せっけんを　つけて　　　　。

↓

② 手を　水で　　　　　。

↓

③ ハンカチで　手を　　　　　。

≪ことばカード≫

こする

ふく

ながす

1年の ふくしゅう
（かずと けいさん）

がくしゅうび　月　日

じかん 20 ぷん
／100
ごうかく 80 てん

きょうかしょ ② 141〜144 ページ　こたえ 30 ページ

1 かずを すうじで かきましょう。
(10てん)

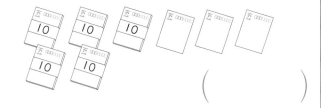

（　　　　　）

2 □に かずを かきましょう。
1つ5てん(10てん)

① 10 が 9 こと、1 が 4 こで [　　] です。

② 十の位（じゅう くらい）が 8、一の位（いち）が 3 の かずは [　　] です。

3 □に かずを かきましょう。
□1つ5てん(20てん)

①
49　　51　52

② [　　]─95─90─85─[　　]

4 大（おお）きい ほうに ○を つけましょう。
1つ5てん(10てん)

① 70　60　② 99　100

（　）（　）　（　）（　）

5 けいさんを しましょう。
1つ5てん(25てん)

① 4+3= [　　]

② 7+8= [　　]

③ 10−6= [　　]

④ 13−8= [　　]

⑤ 17−9= [　　]

6 けいさんを しましょう。
1つ5てん(25てん)

① 8+2−5= [　　]

② 10−7+2= [　　]

③ 21+6= [　　]

④ 89−4= [　　]

⑤ 100−30= [　　]

まとめの テスト

1年の ふくしゅう
（りょうと そくてい、ずけい）

がくしゅうび　　月　　日

じかん **20** ぷん
／100
ごうかく **80** てん

きょうかしょ ② 141〜144 ページ　　こたえ 30 ページ

1 ながい じゅんに、ならべましょう。

（ぜんぶできて20てん）

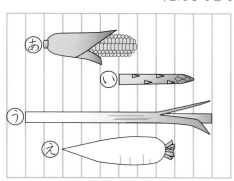

（　　→　　→　　→　　）

2 おおい ほうに ○を つけましょう。

（10てん）

 あ　　　　 い

（　　　　）　　（　　　　）

3 どちらが ひろいですか。

（10てん）

みちこさん　　まさるさん

（　　　　）さん

4 なんじ なんぷんですか。

1つ10てん（20てん）

①

（　　じ　　ぷん）

②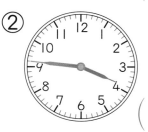

（　　じ　　ぷん）

5 あの いろいたが なんまいで できますか。

（20てん）

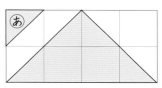

（　　　　）まい

6 にて いる かたちを せんで むすびましょう。

1つ5てん（20てん）

・　　・　　・　　・

・　　・　　・　　・

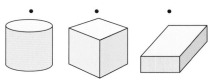

1年の ふくしゅう

（すうりょうかんけい）

がくしゅうび ｜ 月 日

じかん 20 ぷん
/100
ごうかく 80 てん

きょうかしょ ② 141〜144 ページ こたえ 31 ページ

1 すなばで 8人 あそんで
います。
　3人 ふえると なん人に
なりますか。　　1つ10てん(20てん)

しき ▢

こたえ（　　　　）人

2 いちごが 15こ
あります。
　9こ たべると なんこ
のこりますか。　　1つ10てん(20てん)

しき ▢

こたえ（　　　　）こ

3 こうえんで 子どもが
7人 あそんで います。
5人 かえりましたが、
あとで 3人 きました。
　こうえんに いる
子どもは なん人に
なりましたか。　　1つ15てん(30てん)

しき ▢

こたえ（　　　　）人

4 えんぴつが 4本
あります。ボールペンは
えんぴつより 3本
おおいです。
　ボールペンは なん本
ありますか。　　1つ15てん(30てん)

しき ▢

こたえ（　　　　）本

日本文教版・小学算数1年

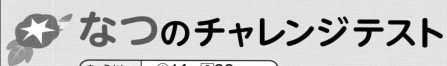 **なつ のチャレンジテスト**

きょうかしょ ①14〜②33ページ

なまえ

月　日

 じかん **40ぷん**

 ごうかく80てん ／100

こたえが 32〜33ページ →

知識・技能　　　　　　　　　／80てん

1 かずを すうじで かきましょう。

1つ3てん(6てん)

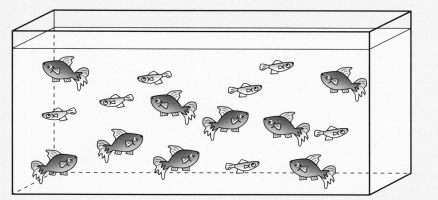

① きんぎょ （　　　　）ひき

② めだか （　　　　）ひき

2 せんで かこみましょう。 1つ3てん(6てん)

① まえから 3ばんめ

② まえから 3とう

3 □に かずを かきましょう。

1つ3てん(6てん)

① | 2 | 4 | | 8 |

② | 10 | | 8 | 7 |

4 おおきい ほうに ○を
つけましょう。

1つ3てん(6てん)

① | 10 | 9 |
（　）（　）

② | 6 | 8 |
（　）（　）

5 □に かずを かきましょう。

1つ4てん(16てん)

① 6 ＜ 2 □

② 9 ＜ 5 □

③ 8 ＜ □ 3

④ 10 ＜ □ 7

6 けいさんを しましょう。

1つ4てん(24てん)

① 2＋3＝□

② 9＋1＝□

③ 0＋8＝□

④ 7－3＝□

⑤ 10－4＝□

⑥ 7－0＝□

夏のチャレンジテスト(表)

うらにも もんだいが あります。

7 くだものの かずを
くらべましょう。

①ず1つ1てん、②③④1つ4てん(16てん)

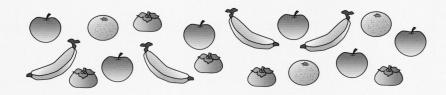

① くだものの かずだけ いろを
ぬりましょう。

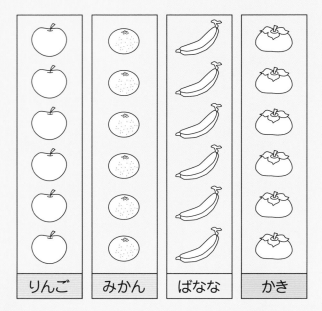

| りんご | みかん | ばなな | かき |

② いちばん おおい くだものは
どれですか。

(　　　　　　　)

③ いちばん すくない くだものは
どれですか。

(　　　　　　　)

④ みかんと かきは なんこ
ちがいますか。

(　　　　　　　)こ

8 えほんが 6さつ、ずかんが
2さつ あります。
あわせて なんさつ ありますか。

1つ4てん(8てん)

しき [　　　　　　　　　]

こたえ (　　　　　　　)さつ

9 あかい くるまが 6だい
あおい くるまが 10だい
とまって います。
どちらが なんだい おおいですか。

しき・こたえ 1つ4てん(8てん)

しき [　　　　　　　　　]

こたえ

(　　　　　　　)が (　　　)だい
おおい。

10 えを みて、7−6＝1の しきに
なる おはなしを つくりましょう。

(4てん)

[　　　　　　　　　　　　　　　　　　]

ふゆのチャレンジテスト

きょうかしょ ②36〜99ページ

なまえ

月　日

知識・技能 ／88てん

1 かずを かぞえましょう。
(4てん)

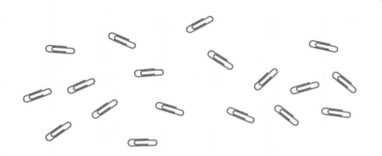

（　　　）

2 □に かずを かきましょう。
1つ3てん(12てん)

① 10と 6で □

② 8と 10で □

③ 17は 10と □

④ 20は □と 10

3 □に かずを かきましょう。
□1つ3てん(12てん)

① 13 14 □ 16

② 14 □ 18 □

③ 20 □ 10 5

4 ちいさい じゅんに ならべましょう。
(ぜんぶできて4てん)

12　20　17

（　　→　　→　　）

5  と にて いる かたちを
えらびましょう。
(4てん)

あ　　い　　う　　え

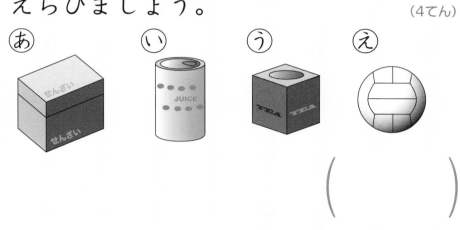

（　　　）

6 テープを ならべました。
1もん3てん(6てん)

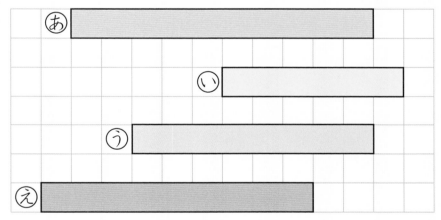

① ながい じゅんに
ならべましょう。

（　　→　　→　　→　　）

② いと えでは、どちらが
どれだけ ながいですか。

（　　）が ますの（　　）つぶん

ながい。

冬のチャレンジテスト(表)

🕐うらにも もんだいが あります。

7 どちらが おおく はいって いますか。 (4てん)

あ

い

( )

8 どちらが ひろいですか。 (4てん)

あ 　い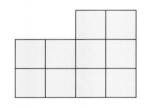

( )

9 とけいを よみましょう。 1つ4てん(8てん)

① 　②

(じ) (じはん)

10 けいさんを しましょう。 1つ4てん(12てん)

① 5+5+3=□

② 13-3-6=□

③ 10-7+4=□

11 けいさんを しましょう。 1つ3てん(18てん)

① 11+7=□

② 9+6=□

③ 5+8=□

④ 19-3=□

⑤ 12-7=□

⑥ 15-6=□

12 あかい はなが 7ほん、しろい はなが 9ほん あります。
　はなは あわせて なんぼん ありますか。 1つ3てん(6てん)

しき _____

こたえ ( )ぽん

13 ジュースが 14ほん ありました。 9ほん のみました。
　のこりは、なんぼんに なりましたか。 1つ3てん(6てん)

しき _____

こたえ ( )ほん

はるのチャレンジテスト

きょうかしょ ②101〜137ページ

月　日

なまえ

じかん
40ぷん

こうかく80てん
／100

こたえ 36〜37ページ

知識・技能　　　　　　　　　　　　　　　／64てん

1 かずを　すうじで　かきましょう。
(4てん)

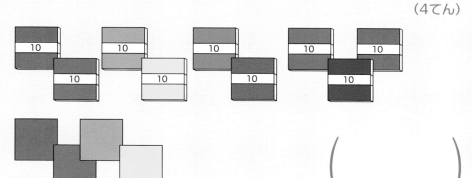

（　　　　）

2 □に　かずを　かきましょう。
1つ3てん(12てん)

① 10が　6こと、1が　4こで
□　です。

② 30は、10を　□こ
あつめた　かずです。

③ 100と　8で　□です。

④ 58より　2　大きい　かずは
□です。

3 □に　かずを　かきましょう。
1つ4てん(8てん)

①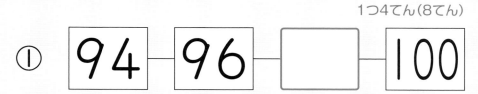
94　96　□　100

②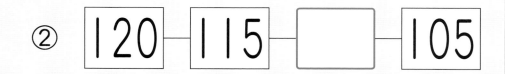
120　115　□　105

4 なんじ　なんぷんですか。
1つ4てん(8てん)

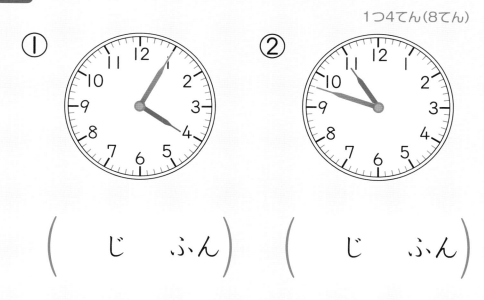

①　　　　　　　　②

（　じ　ふん）（　じ　ふん）

5 けいさんを　しましょう。
1つ4てん(24てん)

① 60+20=□

② 50+9=□

③ 74+5=□

④ 100-60=□

⑤ 67-7=□

⑥ 89-4=□

春のチャレンジテスト(表)

うらにも　もんだいが　あります。

6 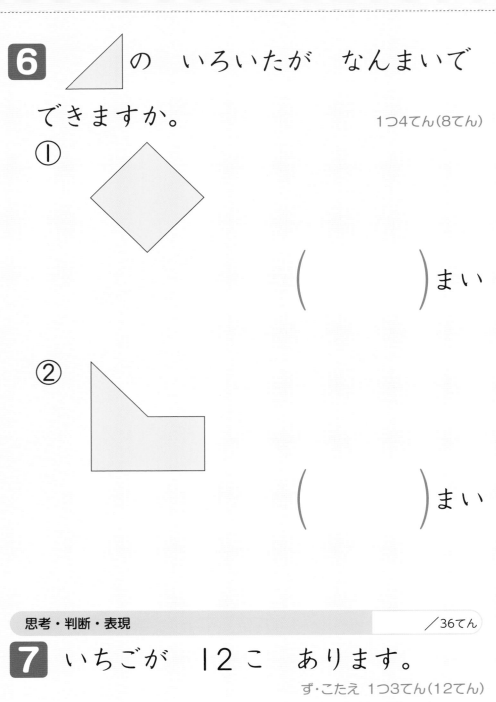 の いろいたが なんまいで できますか。

1つ4てん(8てん)

①

( ) まい

②

( ) まい

7 いちごが 12こ あります。

ず・こたえ 1つ3てん(12てん)

① ひとりに 2こずつ わけると、なん人に わけられますか。
◯で かこんで かんがえましょう。

( ) 人

② ひとりに 3こずつ わけると、なん人に わけられますか。
◯で かこんで かんがえましょう。

( ) 人

8 子どもが ならんで います。
みきさんは、まえから 5ばんめです。
みきさんの うしろに 4人 います。
みんなで なん人 いますか。
ずの □ に かずを かいて こたえましょう。

1つ3てん(12てん)

5ばんめ

まえ ◯◯◯◯●◯◯◯◯

[ ] 人　[ ] 人

しき [　　　　　　　　　　]

こたえ ( ) 人

9 ハムスターが 6ぴき います。
リスは、ハムスターより 4ひき おおいです。
リスは なんびき いますか。
ずの □ に かずを かいて こたえましょう。

1つ3てん(12てん)

[ ] ぴき

ハムスター ◯◯◯◯◯◯

リス ◯◯◯◯◯◯◯◯◯◯

[ ] ひき
おおい

しき [　　　　　　　　　　]

こたえ ( ) ぴき

1年 さんすうのまとめ　**学力しんだんテスト**

なまえ

月　日

じかん **40**ぷん

ごうかく80てん
／100

こたえ **38**ページ →

1 □に かずを かきましょう。
1つ2てん（4てん）

① 10が 3こと 1が 7こで

□

② 10が 10こで □

2 □に かずを かきましょう。
□1つ3てん（12てん）

①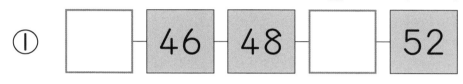
□ 46 48 □ 52

②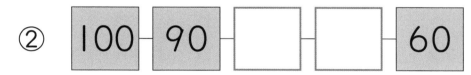
100 90 □ □ 60

3 けいさんを しましょう。1つ3てん（18てん）

① 8＋6＝□　② 14－9＝□

③ 0－0＝□　④ 30＋40＝□

⑤ 33＋4＝□　⑥ 29－7＝□

4 11人で キャンプに いきました。
その うち 子どもは 7人です。
おとなは なん人ですか。1つ3てん（6てん）

しき

こたえ（　　　）人

5 なんじなんぷんですか。
（3てん）

（　　　　）

6 あ〜えの 中から たかく つめる
かたちを すべて こたえましょう。
（ぜんぶできて 3てん）

あ　　い　　う　　え

（　　　　）

7 下の かたちは、あの いろいたが
なんまいで できますか。1つ3てん（6てん）

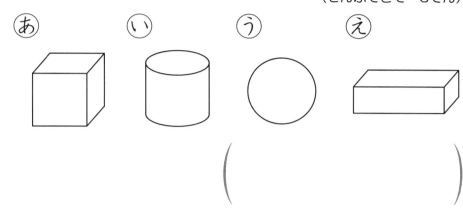

① （　　　）まい　② （　　　）まい

8 水の かさを くらべます。正しい
くらべかたに ○を つけましょう。
（4てん）

① 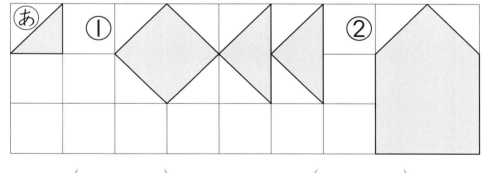　②

（　　　）　　　（　　　）

9 どうぶつの かずを しらべて せいりしました。

1つ4てん(8てん)

| うし | さる | うさぎ | ねずみ |

① いちばん おおい どうぶつは なんですか。

（　　　　　　　）

② いちばん おおい どうぶつと いちばん すくない どうぶつの ちがいは なんびきですか。

（　　　　　　）びき

10 バスていで バスを まって います。

1つ4てん(12てん)

① まって いる 人は 7人 いて、みなとさんの まえには 4人 ならんで います。みなとさんは うしろから なんばん目ですか。

うしろから 〔　　　〕ばん目

② バスが きました。バスには はじめ 3人 のって いました。この バスていで まって いる 人みんなが のり、つぎの バスていで 5人が おりました。バスには いま なん人 のって いますか。

しき 〔　　　　　　　　　　　〕

こたえ（　　　　）人

11 かべに えを はって います。□に はいる ことばを かきましょう。

□1つ4てん(16てん)

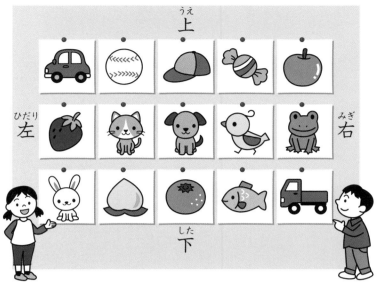

① さかなの えは みかんの えの 〔　　　〕に あります。

② いちごの えは 車の えの 〔　　　〕に あります。

③ 犬の えは 〔　　　　　〕の えの 〔　　　〕に あります。

12 ゆいさんと さくらさんは じゃんけんで かったら □を 1つ ぬる ばしょとりあそびを しました。どちらが かちましたか。その わけも かきましょう。

1つ4てん(8てん)

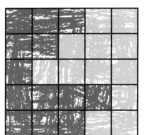

☐…ゆいさん
■…さくらさん

かったのは（　　　　　　）さん

わけ（　　　　　　　　　　）

教科書ぴったりトレーニング

まるつけラクラクかいとう

この「まるつけラクラクかいとう」は
とりはずしてお使いください。

日本文教版
算数1年

「まるつけラクラクかいとう」では問題と同じ紙面に、赤字で答えを書いています。

てびきでは、次のようなものを示しています。
・学習のねらいやポイント
・他の学年や他の単元の学習内容とのつながり
・まちがいやすいことやつまずきやすいところ
お子様への説明や、学習内容の把握などにご活用ください。

見やすい答え

くわしいてびき

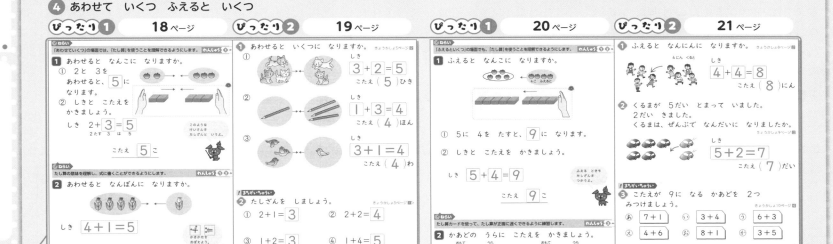

4 あわせて いくつ ふえると いくつ

ぴったり1 18ページ

ねらい 「あわせていくつ」の場面では、「たし算」を使うことを理解できるようにします。 れんしゅう①

1 あわせると なんこに なりますか。
① 2と 3を あわせると、5に なります。
② しきと こたえを かきましょう。
しき 2＋3＝5
　　2たす 3 は 5
こたえ 5 こ
このような けいさんを たしざんと いうよ。

ねらい たし算の意味を理解し、式に書くことができるようにします。 れんしゅう①

2 あわせると なんぼんに なりますか。
しき 4＋1＝5
こたえ 5 ほん

ぴったり2 19ページ

1 あわせると いくつに なりますか。
①
しき 3＋2＝5
こたえ（ 5 ）ひき
②
しき 1＋3＝4
こたえ（ 4 ）ほん
③
しき 3＋1＝4
こたえ（ 4 ）わ

まちがいちゅうい
2 たしざんを しましょう。
① 2＋1＝3　② 2＋2＝4
③ 1＋2＝3　④ 1＋4＝5

ぴったり1 20ページ

ねらい 「ふえるといくつ」の場面でも、「たし算」を使うことを理解できるようにします。 れんしゅう①②

1 ふえると なんこに なりますか。
① 5に 4を たすと、9に なります。
② しきと こたえを かきましょう。
しき 5＋4＝9
こたえ 9 こ
ふえる ときも たしざんを つかうよ。

ねらい たし算カードを使って、たし算が正確に速くできるように練習します。 れんしゅう②

2 かあどの うらに こたえを かきましょう。
① おもて 1＋8　うら 9
② おもて 5＋1　うら 6

ぴったり2 21ページ

1 ふえると なんにんに なりますか。
しき 4＋4＝8
こたえ（ 8 ）にん

2 くるまが 5だい とまって いました。2だい きました。くるまは、ぜんぶで なんだいに なりましたか。
しき 5＋2＝7
こたえ（ 7 ）だい

まちがいちゅうい
3 こたえが 9に なる かあどを 2つ みつけましょう。
あ 7＋1　い 3＋4　う 6＋3
え 4＋6　お 8＋1　か 3＋5
（ う ）と（ お ）

ぴったり1

1 1年生でたし算が使われる場面には、大きく分けて「合わせる」場面と「増える」場面があります。
ここでは「合わせる」場面でのたし算を学びます。
はじめてたし算を学習するので、＋や＝の記号の使い方や書き順もしっかり覚えさせましょう。

2 「4本と1本を合わせると5本になります。」という「合わせる」場面を式に表します。
合わせる→たし算 と覚えましょう。

ぴったり2

1 たし算の式の書き方と答えの書き方の練習です。「左にいくつ」、「右にいくつ」、「合わせていくつ」のようなことばで、「合わせる」場面を正確にとらえさせましょう。

2 答えが5までのたし算です。答えを求めるだけでなく、式の意味を理解することも大切です。具体的な場面と結びつけて理解させましょう。
答えの求め方がわからないようであれば、「いくつといくつ」の単元まで戻って、練習しましょう。

ぴったり1

1 ここでは、「増える」場面のたし算を学びます。「増える」とは、もとからあるものに新しく加わったものをたすことを表すので、たし算で答えを求めます。

2 たし算カードは、表に式、裏に表の式の答えが書いてあります。

ぴったり2

1 「増える」場面です。

はじめに 4人	来た 4人	答え
4	＋ 4	＝ 8

式のそれぞれの数字が表すものを確認しておきましょう。

2 「増える」場面です。同じたし算の場面でも、「増える」場面と「合わせる」場面では意味が違うことを理解することが大切です。

3 カードの答えは、
あ…8　い…7　う…9　え…10
お…9　か…8
カードを使ってたし算の練習をするときは、速さよりも正確さに重点をおきましょう。

※紙面はイメージです。

1 10までの かず

ぴったり1　2ページ

ぴったり2　3ページ

ぴったり1　4ページ

ぴったり2　5ページ

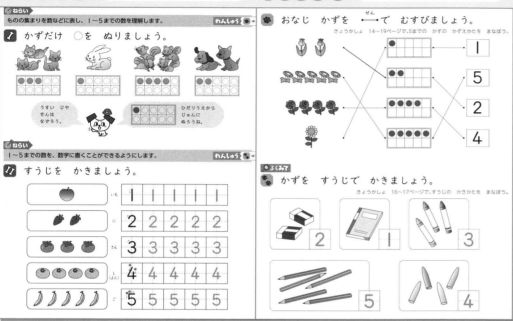

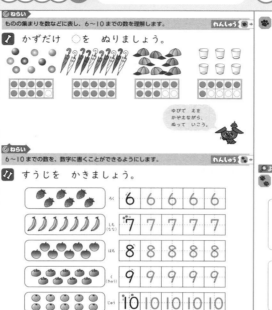

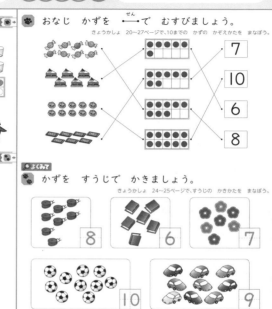

ぴったり1

🎵 1から5までのものの集まりについて、具体物（ここでは、ネコやウサギなど）を数えながら、半具体物（ここでは●）で、その数を表します。
◯は、左端から横に塗りましょう。

🎵 1から5までの数字が、正しく書けるようになるまで、くり返し練習させてください。

ぴったり2

🐾 具体物の数量を半具体物に置き換え、それを数に結びつける練習です。数は記号ですから、覚えるしかありません。1から順に声に出して練習しましょう。

🐾 数字を書く練習です。字形を正しく、筆順にも注意しましょう。

ぴったり1

🎵 上の段の左端から順に塗るようにしましょう。6〜10の数を「5といくつ」ととらえることにも慣れさせます。
こうして、数のとらえ方を次第に豊かにしていきます。

🎵 省略

ぴったり2

🐾 具体物の数量を半具体物と置き換え、それを数に結びつける練習です。
具体物は、端から1つずつ数えていきます。このとき、数え終わったものには印をつけるようにしましょう。数え落としや重なりがなくなります。
●は、5から数えるようにします。

🐾 数字の8の書き方には間違いが多いので、正しく書けているかどうか確認しましょう。

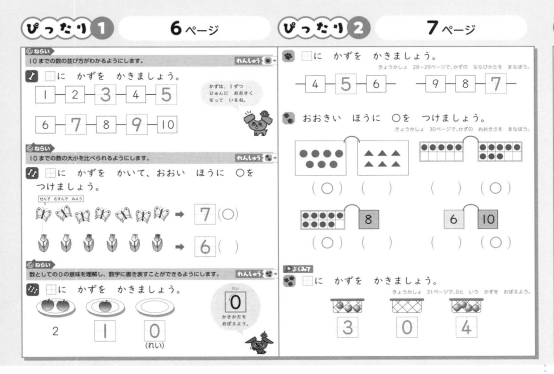

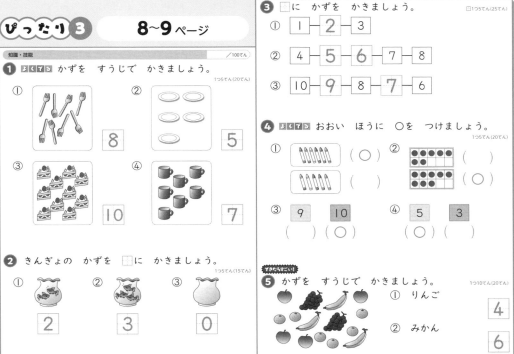

ぴったり①

- 🎵 数が１つずつ大きくなることに気づき、１から10までの数を順に並べられるようになることが目標です。
- 🎵🎵 10までの数の大小を数字だけで判断できるようになることが目標です。はじめのうちは、具体物を線で結び、余った方が多いことを実感させます。
- 🎵🎵🎵 「１個もない」ときは、「０」という数字で表すことを学びます。「りんごを１個ずつ食べていくとどうなるかな」というように問いかけて、０を具体的にとらえさせます。

ぴったり②

- 😺 数は、小さい順にも、大きい順にも、また途中からでも言えるようにくり返し練習しましょう。
- 😺 ○やブロックを使って数字の大小比較を考えると、「どちらがどれだけ大きい」という比較もできるので、有用です。
- 😺 かごに球が１個もない場合、０という数で表すことを理解しているか確かめます。

ぴったり③

- ❶ 数え落としや重なりがないように、数え終わったものに印をするなどの工夫をするとよいでしょう。
- ❷ 省略
- ❸ ②のように途中から始まったり、③のように10から逆に並んでいたりすると、順序がわからなくなってしまうことがあります。声に出して唱えたり、10から逆に唱えたりと、工夫して練習しましょう。
- ❹ ①対応する上下のクレヨンを線で結んでみると、わかりやすいです。

③10は、9の次の数で、9より１大きい数です。○やブロックを使って確認しておきましょう。
- ❺ どれがりんごで、どれがみかんかを最初に確かめてから数を数えましょう。
バナナやぶどうの数も数えてみましょう。

② なんばんめ

ぴったり**1**　　**10**ページ　　ぴったり**2**　　**11**ページ　　ぴったり**3**　　**12～13**ページ

ぴったり1

◎ねらい
集まりを表す数と、順序を表す数の違いを理解できるようにします。　れんしゅう①▶

1 せんで かこみましょう。

「〇にん」と「〇ばんめ」を
まちがえないでね。

① ひだりから 4にん

ひだり　　　　　　　　　　みぎ

② ひだりから 4ばんめ

ひだり　　　　　　　　　　みぎ

◎ねらい
数を使って、順序や位置を表すことができるようにします。　れんしゅう②▶

2 どうぶつが ならんで います。

まえ　きつね　りす　うさぎ　たぬき　ぶた　ぞう　うしろ

① りすは まえから [2] ばんめです。

② うさぎは うしろから [4] ばんめです。

ぴったり2

1 せんで かこみましょう。
きょうかしょ 32～33ページで、〇だいと 〇だいめの ちがいを まなぼう。

① まえから 2だい

まえ　　　　　　　　　　うしろ

② まえから 2だいめ

まえ　　　　　　　　　　うしろ

2 えを みて こたえましょう。
きょうかしょ 34ページで、なんばんめに ついて かんがえよう。

ひだり　りかさん　ゆうたさん　あかねさん　ひかるさん　ゆりさん　みぎ

「ひだりから」、
「みぎから」と
いう ことばに
きを つけてね。

① あかねさんは ひだりから なんばんめですか。

[3] ばんめ

!まちがい・ちゅうい

② ゆうたさんは みぎから なんばんめですか。

[4] ばんめ

ぴったり3

知識・技能　　　　　　　／100てん

1 よくでる せんで かこみましょう。　1つ10てん(20てん)

① ひだりから 5こ

ひだり　　　　　　　　　　みぎ

② ひだりから 5こめ

ひだり　　　　　　　　　　みぎ

2 よくでる □に かずを かきましょう。　1つ10てん(30てん)

まえ　ねこ　くま　いぬ　きりん　さる　うしろ

① きりんは まえから [4] ばんめです。

② さるは まえから [5] ばんめです。

③ くまは うしろから [4] ばんめです。

3 よくでる えを みて こたえましょう。
1つ10てん(20てん)

うえ

すずめ　からす　ふくろう　にわとり
した

① うえから 2ばんめは
なんですか。

(からす)

② したから 4ばんめは
なんですか。

(すずめ)

4 こどもが ならんで います。　1つ10てん(30てん)

ひだり　　　　　　　　　　みぎ
たかしさん　ゆきさん　つよしさん　さおりさん　しんごさん　ゆうかさん

① ひだりから 3ばんめは だれですか。

(つよし)さん

② みぎから 3にんの なまえを ぜんぶ
かきましょう。

(ゆうか)さん、(しんご)さん、(さおり)さん

できたらすごい!

③ ひだりから 2ばんめの ひとは、みぎから
なんばんめですか。

[5] ばんめ

ぴったり1

1 「左から4人」のように集合の要素の個数を表す数を「集合数」、それに対して、「左から4番目」などのように順序や位置を表す数を「順序数」と言います。
この2つの数の違いを理解するのは難しいでしょうが、具体的な場面を通して、くり返し練習しましょう。

2 順序を表す数の使い方の理解を深めます。前後、左右、上下などの位置や方向を表す言葉を使って表すことができるようにしましょう。

ぴったり2

1 ①集合を表す数です。前から2台全部を囲みます。
②順序を表す数です。前から2台めの1台だけを囲みます。

2 ①あかねさんに印をつけて、左から順に1番目、2番目、…と数えていきましょう。
②方向を表す言葉が「左」から「右」に変化していることに注意しましょう。

ぴったり3

1 ①集合を表す数です。左から5個全部を囲みます。
②順序を表す数です。左から5個めの1個だけを囲みます。

2 ①②ねこから順に、1番目、2番目、…と数えていきましょう。
③「後ろ」から数えることに注意します。

3 上下方向の位置と順序を考える問題です。

4 ①「3番目」で、順序を表すから、1人だけの名前を答えます。
②「3人」で、集合を表すから、3人の名前を答えます。
③左から2番目はゆきさんです。方向を表す言葉が変化すると、順序数がちがってくることを理解させます。

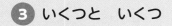 いくつと いくつ

ぴったり1 14ページ

ぴったり2 15ページ

ぴったり3 16〜17ページ

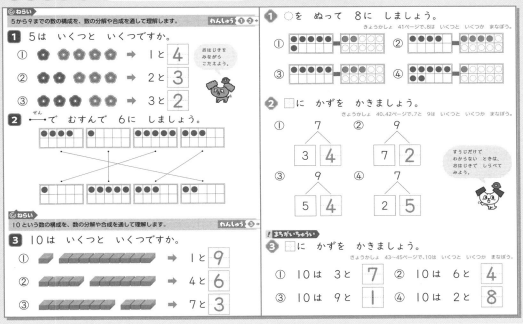

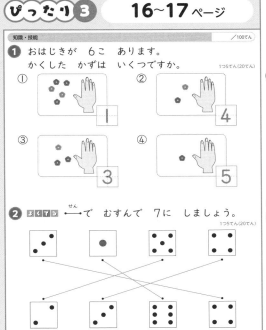

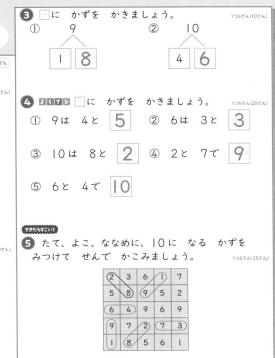

ぴったり1

1. 5の分解を学びます。5個のおはじきのうち、青色のおはじきの数を数えましょう。1と4、2と3、3と2、4と1の組み合わせで5ができることを覚えます。

2. 6の合成を学びます。●を1個ずつ数えていって、6個になるものを線で結びましょう。

3. 10の分解を学びます。全部で9通りあります。

ぴったり2

1. 8の合成です。1と7、2と6、3と5、4と4、5と3、6と2、7と1の組み合わせを覚えましょう。

2. 数字だけで分解ができるようにしましょう。わからないときは、○をかいたり、ブロックを並べたり、指を折ったりして数えてもよいです。

3. 10の合成、分解をきちんと身につけることによって、たし算、ひき算の基礎が固まります。10への理解が不十分だと、くり上がりやくり下がりの考え方もできなくなってしまいます。

ぴったり3

1. 1つの数が、何通りにも分解できることを理解します。

2. さいころは、表と裏の目の数の和が7になるようにできています。遊びを通して数に興味がもてるようになるとよいでしょう。

3. 数の分解の練習です。どんな数でも数字で考えられるように、くり返し練習しましょう。

4. たし算、ひき算の基礎となる、数の分解と合成です。ブロックなどを使いながら、答えの確かめもしっかり行いましょう。声に出して読むことも、覚える助けになります。

5. 10をつくる練習です。数の重なりに注意しながら、すべて見つけられるようにしましょう。

④ あわせて いくつ ふえると いくつ

ぴったり1 　18ページ　　**ぴったり2** 　19ページ　　**ぴったり1** 　20ページ　　**ぴったり2** 　21ページ

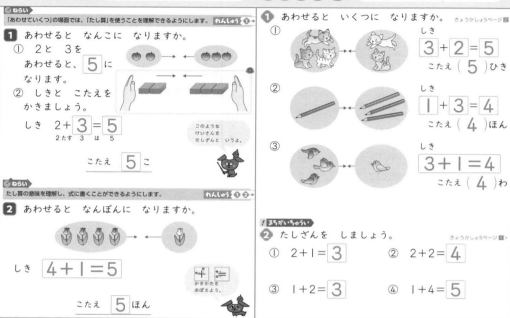

ぴったり1 (18ページ)

◎ねらい 「あわせていくつ」の場面では、「たし算」を使うことを理解できるようにします。 **れんしゅう①**

❶ あわせると なんこに なりますか。
① 2と 3を あわせると、5 に なります。
② しきと こたえを かきましょう。
しき 2+3=5
2たす 3 は 5
こたえ 5 こ

◎ねらい たし算の意味を理解し、式に書くことができるようにします。 **れんしゅう①②**

❷ あわせると なんぼんに なりますか。
しき 4+1=5
こたえ 5 ほん

ぴったり2 (19ページ)

❶ あわせると いくつに なりますか。 きょうかしょ5ページ②
① しき 3+2=5 こたえ（ 5 ）ひき
② しき 1+3=4 こたえ（ 4 ）ほん
③ しき 3+1=4 こたえ（ 4 ）わ

! **まちがいちゅうい**
❷ たしざんを しましょう。 きょうかしょ5ページ①▶
① 2+1=3　　② 2+2=4
③ 1+2=3　　④ 1+4=5

ぴったり1 (20ページ)

◎ねらい 「ふえるといくつ」の場面でも、「たし算」を使うことを理解できるようにします。 **れんしゅう①②**

❶ ふえると なんこに なりますか。
① 5に 4を たすと、9 に なります。
② しきと こたえを かきましょう。
しき 5+4=9
こたえ 9 こ

◎ねらい たし算カードを使って、たし算が正確に速くできるように練習します。 **れんしゅう③**

❷ かあどの うらに こたえを かきましょう。
① おもて 1+8　うら 9　　② おもて 5+1　うら 6

ぴったり2 (21ページ)

❶ ふえると なんにんに なりますか。 きょうかしょ8ページ②
4にん くると
しき 4+4=8 こたえ（ 8 ）にん

❷ くるまが 5だい とまって いました。 2だい きました。 くるまは、ぜんぶで なんだいに なりましたか。 きょうかしょ9ページ③
しき 5+2=7 こたえ（ 7 ）だい

! **まちがいちゅうい**
❸ こたえが 9に なる かあどを 2つ みつけましょう。 きょうかしょ10ページ④
あ 7+1　　い 3+4　　う 6+3
え 4+6　　お 8+1　　か 3+5
（ う と お ）

ぴったり1

❶ 1年生でたし算が使われる場面には、大きく分けて「合わせる」場面と「増える」場面があります。
ここでは「合わせる」場面でのたし算を学びます。
はじめてたし算を学習するので、＋や＝の記号の使い方や書き順もしっかり覚えさせましょう。

❷ 「4本と1本を合わせると5本になります。」という「合わせる」場面を式に表します。
合わせる→たし算 と覚えましょう。

ぴったり2

❶ たし算の式の書き方と答えの書き方の練習です。「左にいくつ」、「右にいくつ」、「合わせていくつ」のようなことばで、「合わせる」場面を正確にとらえさせましょう。

❷ 答えが5までのたし算です。答えを求めるだけでなく、式の意味を理解することも大切です。具体的な場面と結びつけて理解させましょう。
答えの求め方がわからないようであれば、「いくつといくつ」の単元まで戻って、練習しましょう。

ぴったり1

❶ ここでは、「増える」場面のたし算を学びます。「増える」とは、もとからあるものに新しく加わったものをたすことを表すので、たし算で答えを求めます。

❷ たし算カードは、表に式、裏に表の式の答えが書いてあります。

ぴったり2

❶ 「増える」場面です。

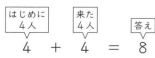

はじめに4人　来た4人　答え
4 ＋ 4 ＝ 8

式のそれぞれの数字が表すものを確認しておきましょう。

❷ 「増える」場面です。同じたし算の場面でも、「増える」場面と「合わせる」場面では意味が違うことを理解することが大切です。

❸ カードの答えは、
あ…8　い…7　う…9　え…10　お…9　か…8
カードを使ってたし算の練習をするときは、速さよりも正確さに重点をおきましょう。

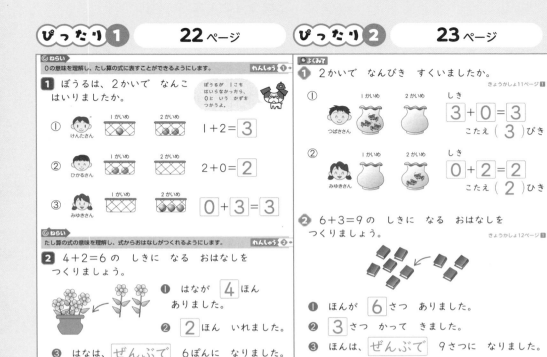

◎ねらい
0の意味を理解し、たし算の式に表すことができるようにします。　れんしゅう❶

1 ぼうるは、2かいで なんこ はいりましたか。

ぼうるが 1こも はいらなかったら、0と いう かずを つかうよ。

① けんたさん　1かいめ　2かいめ　1＋2＝3

② ひかるさん　1かいめ　2かいめ　2＋0＝2

③ みゆきさん　1かいめ　2かいめ　0＋3＝3

◎ねらい
たし算の式の意味を理解し、式からおはなしがつくれるようにします。　れんしゅう❷

2 4＋2＝6の しきに なる おはなしを つくりましょう。

① はなが 4 ほん ありました。

② 2 ほん いれました。

③ はなは、ぜんぶで 6ぽんに なりました。

●ふくしゅう

1 2かいで なんびき すくいましたか。
きょうかしょ11ページ❶

① つばささん　1かいめ　2かいめ　しき 3＋0＝3　こたえ（ 3 ）びき

② みゆきさん　1かいめ　2かいめ　しき 0＋2＝2　こたえ（ 2 ）ひき

2 6＋3＝9の しきに なる おはなしを つくりましょう。
きょうかしょ12ページ❶

① ほんが 6 さつ ありました。

② 3 さつ かって きました。

③ ほんは、ぜんぶで 9さつに なりました。

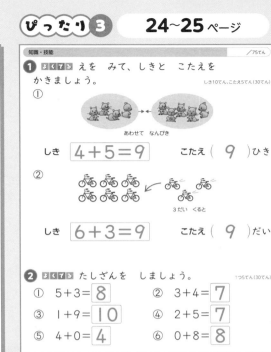

知識・技能　／75てん

1 よくてる えを みて、しきと こたえを かきましょう。
しき10てん、こたえ5てん（30てん）

①
あわせて なんびき
しき 4＋5＝9　こたえ（ 9 ）ひき

②
3だい くると
しき 6＋3＝9　こたえ（ 9 ）だい

2 よくてる たしざんを しましょう。
1つ5てん（30てん）

① 5＋3＝8　　② 3＋4＝7

③ 1＋9＝10　　④ 2＋5＝7

⑤ 4＋0＝4　　⑥ 0＋8＝8

3 こたえが おなじに なる かあどを ——で むすびましょう。
1つ5てん（15てん）

| 1＋5 | 3＋6 | 4＋6 |

| 3＋7 | 4＋2 | 5＋4 |

思考・判断・表現　／25てん

4 あかい ふうせんが 8こ、しろい ふうせんが 2こ あります。
ふうせんは、あわせて なんこ ありますか。
しき10てん、こたえ5てん（15てん）

しき 8＋2＝10

こたえ（ 10 ）こ

すみたらはなぞう！

5 5＋3＝8の しきに なる おはなしを つくりましょう。
（10てん）

（れい）
こどもが 5にん いました。
3にん きました。
こどもは みんなで 8にんに なりました。

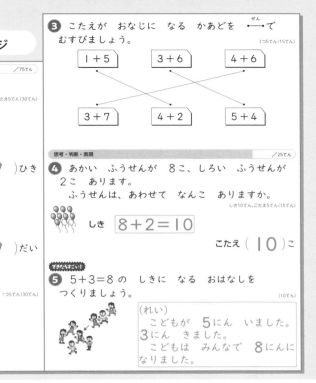

ぴったり1

1 「ある数」に0をたしても、0に「ある数」をたしても、答えは「ある数」になります。0をたし算に使うことに抵抗があるときは、おはじきなどの具体物を用いて、実際に操作させてみるとよいでしょう。

2 式の意味を具体的な場面におきかえる学習です。「増える」場面の絵に合うように、数字とことばを □ に入れます。

ぴったり2

1 絵を見て、0を含むたし算の式をつくる作業は、0のたし算の意味を知る上でとても重要です。絵や具体物を使って、式の意味を理解させることが大切です。

2 ❸たし算で答えを求めるときのことばとしては、「ぜんぶでいくつ」、「合わせていくつ」、「みんなで何人」などがあります。頭の中で考えるだけでなく、きちんと文章に表すことで、たし算への理解が深まります。

ぴったり3

1 ①は「合わせる」場面、②は「増える」場面です。内容はちがいますが、どちらも式はたし算になります。
式を書くとき、4＋59のように、＝を書くのを忘れてしまう誤りが見られます。＝の意味を理解することは、1年生には難しいかもしれませんが、計算の答えを書く前に、必ず＝を書くように注意しましょう。

2 速く、正確にできるように、くり返し練習しましょう。

3 カードの答えを脇に書いて、同じ答えのカードを線で結びましょう。
カードの答えは、上の段から、
6　9　10
10　6　9

4 「合わせる」場面の問題です。

5 「増える」場面なので、問題の内容が5＋3の「増える」場面のたし算のおはなしになっていれば、すべて正解です。このような問題は、たし算の意味が理解できているかを判断する上でとても大切です。

ぴったり1　26ページ

◎ねらい「のこりはいくつ」の場面では「ひき算」を使うことを理解できるようにします。　れんしゅう❶

1 のこりは なんこに なりますか。
① 5から 3を とると、 2 に なります。

5こ ありました。3こ たべると

② しきと こたえを かきましょう。

しき 5－ 3 ＝ 2

5ひく 3 は 2
このような せいさんを ひきざんと いうよ。

こたえ 2 こ

◎ねらい ひき算の意味を理解し、式に書くことができるようにします。　れんしゅう❶❷❸

2 のこりは なんわに なりますか。

8わ いました。2わ とんで いくと

しき 8－2＝6

かきかたを おぼえよう。

こたえ 6 わ

ぴったり2　27ページ

1 のこりは なんまいに なりますか。きょうかしょ17ページ❷

しき 6－1＝5

6まい ありました。1まい つかうと

こたえ（ 5 ）まい

2 こどもが 7にん います。4にん かえりました。のこりは なんにんですか。きょうかしょ17ページ❸

しき 7－4＝3

こたえ（ 3 ）にん

！まちがいちゅうい

3 ひきざんを しましょう。きょうかしょ17ページ❶、18ページ❸

① 5－2＝ 3 　　② 4－1＝ 3

③ 9－3＝ 6 　　④ 10－7＝ 3

ぴったり1　28ページ

◎ねらい ひき算カードを使って、ひき算が正確に速くできるようにします。　れんしゅう❶❷❸

1 かあどの おもてと うらを ——で むすびましょう。

おもて
| 10－9 | 7－1 | 9－4 | 8－6 |

うら
| 5 | 1 | 2 | 6 |

◎ねらい 0の意味を理解し、ひき算の式に表すことができるようにします。　れんしゅう❸

2 ばななが 4ほん あります。
① 4ほん たべると、のこりは なんぼんですか。

しき 4－4＝ 0 　　こたえ 0 ほん

② 1ぽんも たべないと、のこりは なんぼんですか。

しき 4－ 0 ＝ 4

1ぽんも たべない ときは 0を ひこう。

こたえ 4 ほん

ぴったり2　29ページ

1 かあどの うらに こたえを かきましょう。きょうかしょ19ページ❺

おもて　うら　　　　おもて　うら
① 7－6　 1 　　② 8－5　 3

2 こたえが 3に なる かあどを 2つ みつけましょう。きょうかしょ19ページ❺

あ 10－3　　い 5－2　　う 6－5

え 8－4　　お 2－1　　か 10－7

（ い ）と（ か ）

◆よくみて

3 3ぼん あります。のこりは なんぼんですか。きょうかしょ20ページ❶

① 2ほん たおすと　3－2＝ 1

② 3ぼん たおすと　3－3＝ 0

③ 1ぽんも たおれないと　3－0＝3

ぴったり1

1 ひき算を使う場面には、「残りはいくつ」の場面と、「違いはいくつ」の場面があります。ここでは、「残りはいくつ」の場面を式に表し、答えを求めます。

2 「8羽いて、2羽飛んでいくと残りは6羽になります。」という「残りはいくつ」の場面を式に表します。
残りは→ひき算　と覚えましょう。

ぴったり2

1 「使うと」ということばは、「食べると」、「飛んで行くと」などとともに残りを求める場面で使われます。

2 「残りはいくつ」の場面です。子供のうち、帰った子供の人数がわかっているので、残った子供の人数はひき算で求められます。問題の図を使って理解させましょう。

3 ひき算を正確に計算できるか、苦手とする特定の計算がないかをよく見ます。はじめのうちは、○をかいたりブロックを使ったりして、正しい答えを導きましょう。

ぴったり1

1 ひき算カードを使って、計算練習をしましょう。

2 0のひき算では、①のように答えが0になる場合（4－4＝0）と②のように0をひく場合（4－0＝4）があります。バナナのような具体物を用いて、実際に操作して式の理解を深めましょう。

ぴったり2

1 省略

2 カードの答えは、あ…7、い…3、う…1、え…4、お…1、か…3となります。
速く正確に計算できるように、何度もくり返し練習をしましょう。

3 どんなときに、ひき算に0が使われるかをしっかり理解することが大切です。

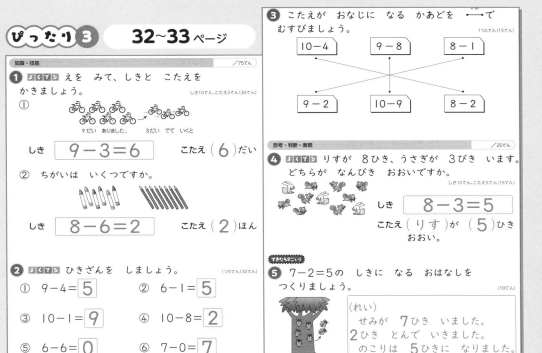

ぴったり1

1 「どれだけ多い」という差を求める問題です。多い方から少ない方をひけば個数の差が求められることを学習します。図で確認しましょう。
ここで、ひき算の式は、大きい数から小さい数をひくことと、答え方に注意します。

2 「違いはいくつ」という差を求める問題です。場面の意味を理解し、ひき算の式に表せるようにします。はじめに犬とねこの数をしっかりおさえます。

ぴったり2

1 それぞれの数をしっかり数えましょう。

2 ちょうの方が多いから、
ちょうの数ーとんぼの数＝ちがい
となります。
数字の出てくる順に式を4−6=2と書くのは間違いです。

3 式からひき算のおはなしを考える問題です。絵から、「残りはいくつ」の場面であることがわかります。3の □□□ にあてはまる最も適当なことばは、「のこり」です。

ぴったり3

1 ①は「残りの数」を求めるひき算、②は「違い」を求めるひき算の場面であることを読み取り、式を書くようにしましょう。

2 間違えた計算は、ブロックや○を使ってしっかりと確認しましょう。

3 カードの答えを脇に書いて、同じ答えのカードを線で結びましょう。
カードの答えは、上の段から、
6　1　7
7　1　6

4 「どれだけ多い」という差を求める場面です。「8匹は3匹より5匹多い。」をひき算の式に表します。
このような問題では、少ない方の数が多い方の数より先に出てくる問題もよくあるので、ひき算では、大きい数から小さい数をひくことを徹底させましょう。

5 「残りを求める」ひき算のおはなしを作ります。絵を見てどんなひき算の場面かを考える作業は、ひき算を理解する上でとても大切です。

6 かずを せいりしよう

ぴったり1 　34ページ 　　**ぴったり2** 　35ページ

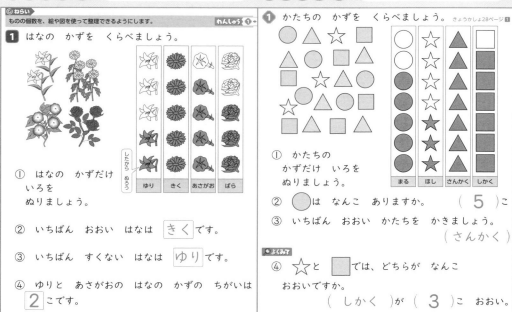

7 10より おおきい かず

ぴったり1 　36ページ 　　**ぴったり2** 　37ページ

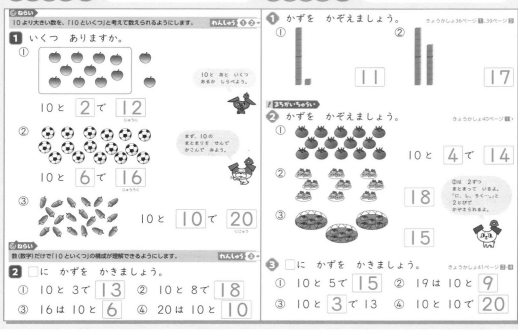

ぴったり1

1 ものの個数を絵や図などを使って整理すると、多い少ないなどの個数の特徴がわかりやすくなることを理解させましょう。
②③下から色を塗り、高さのいちばん高いものがいちばん多い、いちばん低いものがいちばん少ない関係性を理解させます。
④計算で求めるほかに、絵グラフでは数の違いは高さの違いで表されるので、多い分の個数だけ数えても求められることを知らせます。

ぴったり2

1 ①絵グラフをかくときは、まず、それぞれの形の数を正確に数えなければなりません。数え落としや重なりがないように、印をつけるなど工夫しましょう。
②絵グラフの数を下から数えましょう。
③高さがいちばん高いのは△です。
④絵グラフの高さの違いから3個と求めてもよいですし、計算で求めてもよいです。

ぴったり1

1 10のまとまりを線で囲んだりしながら、2けたの数を「10といくつ」とみて表せるようにします。位取りがわからずに、「じゅうに」を「102」と書くような誤りが見られます。注意しましょう。
2 「10いくつ」の数は、10のまとまりとばらに分けて考えます。位取りの考え方の基礎です。10のまとまりを作ることを習慣づけましょう。

ぴったり2

1 声に出して読みながら書く練習をしましょう。
①10と1で11（じゅういち）
②10と7で17（じゅうしち）
2 ①10個を◯で囲んで、「10といくつ」と考えましょう。
②ケーキは2個ずつまとまっています。「に、し、…」と2飛びに数えます。
③柿は5個ずつまとまっています。「ご、じゅう、…」と5飛びに数えます。

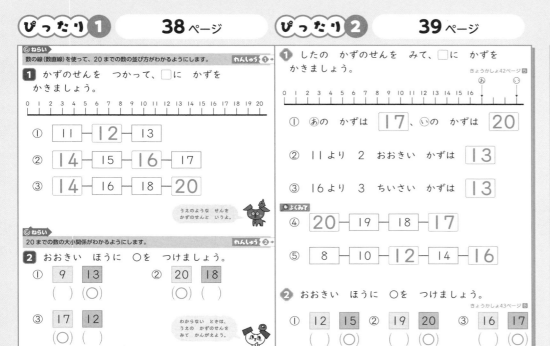

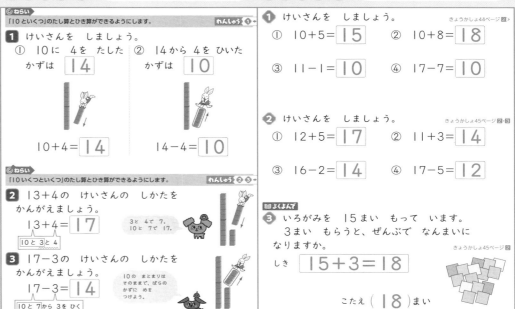

ぴったり1

1 数の線（数直線）は、等間隔に目盛りをふり、それに1つずつ整数を対応させたものです。右に進むと大きく、左に進むと小さくなります。
①11と13の間の数は12です。
③2飛びに並んでいます。

2 数の大きさが数字だけで比べられないときは、数の線を使います。
①9は10より小さい、13は10より大きいと考えてもよいです。
③17は10と7、12は10と2です。7と2では、7の方が大きいから、17の方が大きいです。

ぴったり2

1 ①数の線に16より大きい目盛りをふります。あは16の次の数（16より1大きい数）で17、いは16より4大きい数で20です。
②11の目盛りから右へ2つ進んだ目盛りの数で13です。
③16の目盛りから、左へ3つ進んだ目盛りの数で13です。

ぴったり1

1 ①10に1けたの数をたすたし算は、「10といくつ」の考え方で答えを求めます。
②①と逆のひき算です。「10いくつ」を「10といくつ」と考え、「いくつ」をひきます。

2 13は10と3、3に4をたして7、10と7で17と考えます。13の1に4をたして、13+4=53とする間違いは、ブロックなどを使って「10いくつ」の数の構成を理解させることで防げます。

3 17は10と7、7から3をひいて4、10と4で14と考えます。

ぴったり2

1 ③11-1=1とする間違いに注意しましょう。11の左の1は10が1こあることを表しています。

2 ②11は10と1、1と3で4、10と4で14。
④17は10と7、7から5をひいて2、10と2で12。

3 「増える」場面のたし算の問題です。

11

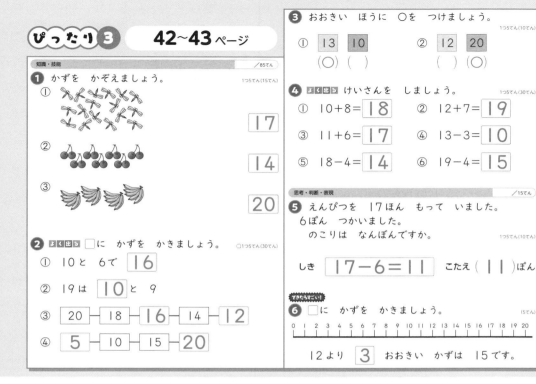

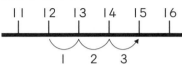

ぴったり3

① ①10のまとまりとばらに分けます。
②③20ぐらいまでは、2飛び、5飛びに数えられるようにしておきましょう。

② ③数が2つ連続しているところで、数の並び方を考えます。
20-18から、2飛びに小さくなっていることがわかります。次のように、飛んでいる数を小さく書くとわかりやすくなります。

```
   19   17   15   13
20-18-16-14-12
```

④-10-15-から、5飛びに大きくなっていることがわかります。

③ 数の線で確認しておきましょう。

④ 間違えた計算は、どこを間違えたのか必ず検証するようにしましょう。これから数がどんどん大きくなっていきます。2けたの数の構成をしっかり身につけて、正しく計算できるようにしましょう。

⑤ 残りを求める場面だから、式はひき算になります。

⑥ 15は10と5、12は10と2です。5は、2より3大きいから、15は12より3大きい数です。数の線で見ると、15は、12より3目盛り右にあるので、15は、12より3大きい数です。

```
11  12  13  14  15  16
|___|___|___|___|___|
        1   2   3
```

12

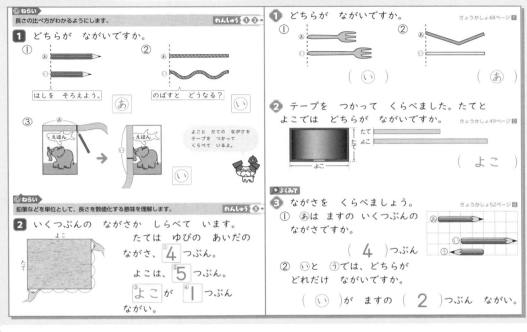

ぴったり①

1 何時、何時半の時計の読み方を学習します。長針、短針の位置関係と時刻の読み方を覚えましょう。

ぴったり②

1 時刻を日常生活の場面と関連づけて理解させます。①は、朝、歯みがきをしている場面、②は、校庭で遊んでいる場面です。
②4時半と読むまちがいに注意します。短針は、小さい方の数字を読むことを覚えましょう。

ぴったり③

1 「△時半」のときの長針は「6」、短針は「△」と△より1大きい数字の間を指します。

2 ①は、授業中、②は、テレビを見ている、③は、夕食をとっている場面です。
③短針は、小さい方の数字を読みます。

ぴったり①

1 「長い」「短い」ということばを正しく使えるようにしましょう。
①一方の端をそろえると、長さを比較することができます。とび出ている方が長いです。
②曲がっているものは、まっすぐに伸ばして比べます。
③端をそろえて並べられないものは長さをうつしとって比べます。
①と②を直接比較、③を間接比較といいます。それぞれの方法の良さについても考えさせましょう。

2 長さを、任意単位(指の間の長さ)で数値化しています。長さを数字で表すことで、長さの違いがはっきりわかります。

ぴったり②

1 ②まっすぐ伸ばして考えます。

3 方眼のます目を使って長さを表します。あは4つ分、いは5つ分、うは3つ分の長さです。ます目いくつ分で長さを表すと、鉛筆の端がそろっていなくても、また向きが違っていても、長さを数字で比べられます。

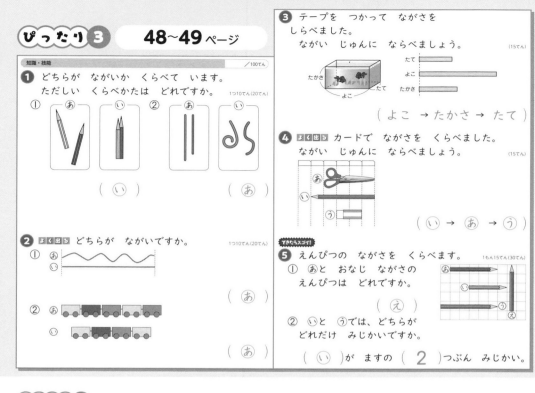

⑤ 方眼の1ますは正方形ですから、縦も横も同じ長さです。したがって、鉛筆を横に置いても、縦に置いても、ますのいくつ分で長さを比較することができます。

　あ…5つ分　　い…4つ分

　う…6つ分　　え…5つ分

①あとますの数が同じなのはえ。

②6−4＝2で、いとうの長さの違いは、ますの2つ分です。

ぴったり3

① 長さの直接比較の正しい方法がわかっているかをみる問題です。まっすぐ伸ばして、一方の端をそろえて比べます。

② ①曲がった状態で同じ長さだから、伸ばすと長くなります。理解しにくいときは、リボンなどをつかって実際に試してみましょう。

　②車両の数で比べます。車両が同じものであれば、車両の数が多い方が長さが長くなります。

③ テープに長さをうつしとって比べています。一方の端をそろえることで、3本のテープの長さが比べやすくなっていることに気づかせます。

④ カードを任意単位として使います。このとき、カードは同じものを使うことを確認します。任意単位を使うと、

　あ…4枚分　い…5枚分　う…2枚分

と数字で比較できます。

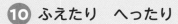

⑩ ふえたり へったり

ぴったり1 　50ページ 　　**ぴったり2** 　51ページ 　　**ぴったり3** 　52～53ページ

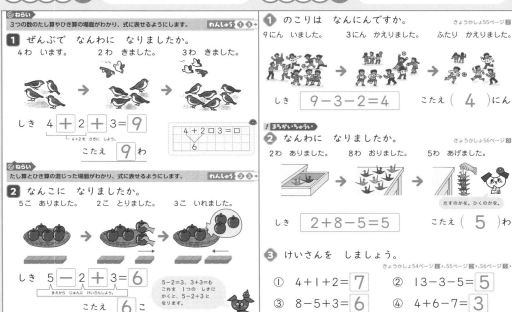

◎ねらい
3つの数のたし算やひき算の場面がわかり、式に表せるようにします。　れんしゅう ❶ ❸ →

1 ぜんぶで なんわに なりましたか。
4わ います。　2わ きました。　3わ きました。

しき 4 ＋ 2 ＋ 3＝9

4＋2を さきに しよう。

4＋2□3＝□

こたえ 9 わ

◎ねらい
たし算とひき算の混じった場面がわかり、式に表せるようにします。　れんしゅう ❷ ❸ →

2 なんこに なりましたか。
5こ ありました。　2こ とりました。　3こ いれました。

しき 5 － 2 ＋ 3＝6

まえから じゅんに けいさんしよう。

5－2＝3、3＋3＝6
これを 1つの しきに かくと、5－2＋3と なります。

こたえ 6 こ

1 のこりは なんにんですか。　きょうかしょ55ページ ❷
9にん いました。　3にん かえりました。　ふたり かえりました。

しき 9－3－2＝4 　こたえ（ 4 ）にん

⚠まちがいちゅうい

2 なんわに なりましたか。　きょうかしょ56ページ ❸
2わ ありました。　8わ おりました。　5わ あげました。

たすのかな。ひくのかな。

しき 2＋8－5＝5 　こたえ（ 5 ）わ

3 けいさんを しましょう。
きょうかしょ54ページ ❷ 、55ページ ❸ 、56ページ ❸

① 4＋1＋2＝7 　　② 13－3－5＝5
③ 8－5＋3＝6 　　④ 4＋6－7＝3

知識・技能 　　/70てん

1 1つの しきに かいて、こたえましょう。
ぜんぶできて1もん20てん（40てん）

① かきが 10こ　　4こ たべました。　3こ おちました。
　ありました。

かきは なんこ のこりましたか。

しき 10 － 4 － 3＝3 　こたえ（ 3 ）こ

② いもが 6ぽん　　3ぽん いれました。　4ほん たべました。
　ありました。

いもは なんぼんに なりましたか。

しき 6＋3－4＝5 　こたえ（ 5 ）ほん

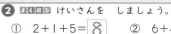

2 よく出る けいさんを しましょう。　　1つ5てん（30てん）

① 2＋1＋5＝8 　　② 6＋4＋6＝16
③ 10－4－1＝5 　　④ 18－8－3＝7
⑤ 7＋3－5＝5 　　⑥ 10－6＋1＝5

思考・判断・表現 　　/30てん

3 よく出る あめが 6こ ありました。
おにいさんが 5こ たべました。
その あと 8こ かって きました。
あめは なんこに なりましたか。
1つ10てん（20てん）

しき 6－5＋8＝9 　こたえ（ 9 ）こ

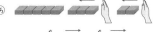

できたらスゴイ！

4 ⓐから ⓒの うち、5－3＋2 の しきを
あらわす ものを えらびましょう。
（10てん）

ⓐ
ⓘ
ⓒ

（ ⓒ ）

ぴったり1

❶ 2つの数のたし算に、さらにもう1つのたし算を加えればよいことに気づかせます。

4 ＋ 2 ＋ 3

4羽に2羽をたす　さらに3羽をたす

計算は左から順に、4＋2＝6、次に6＋3＝9とさせます。スズメが増える絵と結び付けて理解させます。

❷ 2個取ると減るから、ひき算、3個入れると増えるから、たし算です。このことを、1つの式で、5－2＋3＝6と書くことができます。

ぴったり2

❶ 2つの数のひき算に、さらにもう1つひき算を加えればよいことに気づかせます。計算は、左から順に、9－3＝6、次に6－2＝4とさせます。遊ぶ子供が減る様子の絵と結びつけて理解させます。

❷ たすのかひくのかを迷うときは、8羽折ると増えるからたし算、5羽あげると減るからひき算と、理由をつけて考えられるようにしましょう。

❸ ③5＋3を先に計算しないように注意しましょう。

ぴったり3

❶ 増減について、ブロックなどを使っておはなしの通りに動かしてみましょう。

❷ ①2＋1＋5＝8
　　　　　3
　②6＋4＋6＝16
　　　　　10
　③10－4－1＝5
　　　　　6
　④18－8－3＝7
　　　　　10
　⑤7＋3－5＝5
　　　　　10

　⑥10－6＋1＝5
　　　　　4

❸ 5個食べると減るから、ひき算、8個買ってくると増えるから、たし算になります。

❹ 式を見て、増減の場面をブロックで表現する問題です。5－3＋2の意味は「5あって、3とった残りに2をたす」です。これを表しているのはⓒです。ⓐとⓘを式で表すと、
ⓐ…5＋3＋2　ⓘ…7－2－3
となります。

11 たしざん

ぴったり1 　54ページ　　**ぴったり2** 　55ページ　　**ぴったり1** 　56ページ　　**ぴったり2** 　57ページ

ぴったり1（54ページ）

◎ねらい　たされる数で10をつくる、くり上がりのあるたし算を理解します。　わんしゅう❶→

1 9＋3の けいさんを します。

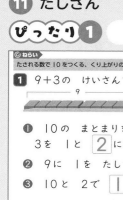

9は あと いくつで 10に なるかな。

❶ 10の まとまりを つくるために、3を 1と 2に わける。

9＋3
1　2

❷ 9に 1を たして 10。

❸ 10と 2で 12。

10の まとまりを つくろう。

◎ねらい　たす数で10をつくる、くり上がりのあるたし算を理解します。　わんしゅう❷❸→

2 5＋8の けいさんを します。

8で 10を つくろう。

❶ 10の まとまりを つくるために、5を 3と 2に わける。

❷ 8に 2を たして 10。

❸ 3と 10で 13。

5＋8
3　2

10の まとまりを つくろう。

ぴったり2（55ページ）

❶ けいさんを しましょう。　きょうかしょ61ページ❶、63ページ❷

① 9＋4＝13
9＋4
1　3

② 8＋3＝11
8＋3
2　1

❷ けいさんを しましょう。　きょうかしょ63ページ❶→、64ページ❺→、67ページ❹→

① 2＋9＝11　　② 4＋8＝12

③ 4＋9＝13　　④ 5＋7＝12

⑤ 8＋9＝17　　⑥ 9＋9＝18

📖よくよんで

❸ いろがみが 4まい ありました。8まい もらいました。ぜんぶで なんまいに なりましたか。　きょうかしょ64ページ❸→

しき　4＋8＝12　　こたえ（ 12 ）まい

ぴったり1（56ページ）

◎ねらい　たし算カードを使って、くり上がりのあるたし算の練習をします。　わんしゅう❶❷→

1 カードの うらに こたえを かきましょう。

おもて　うら

① 8＋3 ｜ 11

② 7＋6 ｜ 13

③ 5＋9 ｜ 14

④ 3＋9 ｜ 12

けいさんしやすい やりかたで けいさんしよう。

◎ねらい　たし算の式の意味を理解し、たし算の問題が作れるようにします。　わんしゅう❸→

2 6＋8の しきに なる もんだいを つくりましょう。

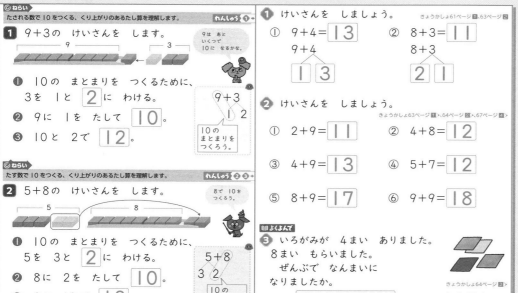

おんなのこが 6にん います。
おとこのこが 8 にん います。
こどもは あわせて なんにん いますか。

どんな ことばを いれると たしざんの もんだいに なるかな。

ぴったり2（57ページ）

❶ こたえが 11に なる カードを 2つ みつけましょう。　きょうかしょ68ページ❺

あ 7＋5　　い 6＋8　　う 9＋2

え 8＋9　　お 5＋6　　か 4＋8

（ う と お ）

❷ こたえの おおきい ほうに ○を つけましょう。　きょうかしょ68ページ❺

① 8＋5　2＋9
（○）（　）

② 9＋4　8＋6
（　）（○）

！まちがいちゅうい

❸ 8＋4＝12の しきに あう えを えらびましょう。　きょうかしょ70ページ❻

あ　　い　　う

（ う ）

ぴったり1

1 くり上がりのあるたし算の学習です。9＋3の9をたされる数、3をたす数といいます。たす数を分解して、たされる数とで10をつくります。ここで「10はいくつといくつ」の学習が生きてきます。

2 1とは逆に、たされる数を分解して、たす数とで10をつくります。どちらの方法でも、ブロックなどを使って仕組みを理解させましょう。

ぴったり2

❶ ①9は、あと1で10。4を1と3に分ける。9と1で10。10と3で13。

❷ たす数の方が大きい場合は、たされる数を分解して10をつくった方が簡単です。⑤、⑥のように、たされる数とたす数の大きさが似ているときは、どちらを分解して10をつくってもかまいません。

❸ 問題文を読んで、正しく場面をとらえているかを見ます。答えに単位をつけることを意識させましょう。

ぴったり1

1 カードを使って、くり上がりのあるたし算の練習をしましょう。たされる数が同じカードやたす数が同じカードを順に並べたり、答えが同じカードを並べたりして、たし算のきまりを見つける活動もしましょう。

2 たされる数である6が女の子の数なので、たす数である8が男の子の数です。2番目の □ には、「合わせて」を表すことばがあてはまります。

ぴったり2

❶ それぞれのカードの答えは、あ…12、い…14、う…11、え…17、お…11、か…12

❷ カードの答えを求めて比べます。
①8＋5＝13、2＋9＝11
②9＋4＝13、8＋6＝14

❸ 「8と4を合わせる」場面か、「8より4増える」場面をさがします。
あ5個より7個増える場面…×
い7匹より4匹増える場面…×
う8匹より4匹増える場面…○

ぴったり③ 　**58〜59ページ**

知識・技能　　　　　　　　　／80てん

❶ □に かずを かきましょう。
1つるてん(20てん)

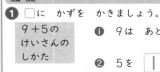
9＋5の
けいさんの
しかた

❶ 9は あと | 1 | で 10。

❷ 5を | 1 | と 4に わける。

❸ 9に | 1 | を たして 10。

❹ 10と | 4 | で | 14 |。

❷ よく出る たしざんを しましょう。
1つるてん(40てん)

① 9＋6＝| 15 |　　② 6＋7＝| 13 |

③ 5＋9＝| 14 |　　④ 3＋9＝| 12 |

⑤ 9＋8＝| 17 |　　⑥ 9＋9＝| 18 |

⑦ 7＋5＝| 12 |　　⑧ 8＋6＝| 14 |

❸ こたえが 12に なる カードを 2つ
みつけましょう。
1つるてん(10てん)

あ | 4＋7 |　い | 6＋6 |　う | 9＋7 |

え | 4＋9 |　お | 5＋8 |　か | 5＋7 |

（ い と か ）

❹ こたえが 15に なるように、□に かずを
かきましょう。
1つるてん(10てん)

① 6＋| 9 |　　② 8＋| 7 |

思考・判断・表現　　　　　　　／20てん

❺ よく出る まみさんは シールを 8まい もって
います。ともだちから 3まい もらうと、ぜんぶで
なんまいに なりますか。
1つるてん(10てん)

　しき | 8＋3＝11 |

こたえ （ 11 ）まい

できたらスゴイ!

❻ 7＋5の しきに なる もんだいを
つくりましょう。
(10てん)

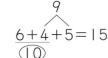

（れい）
きんぎょが 7ひき います。
5ひき いれると、ぜんぶで
なんびきに なりますか。

ということです。増える場面はたし
算で計算します。答えに単位をつけ
ることを忘れないように注意しま
しょう。

❻ 「増える」場面のたし算の問題を作り
ます。絵を読み取って、たし算の問
題を作る作業は、たし算の意味を理
解する上でとても大切です。たす数、
たされる数の関係を正しくとらえら
れているか、確認しましょう。

ぴったり③

❶ たす数を2つに分けて、たされる数
とで10をつくる考え方です。

❷ 速く正確にできるように練習しま
しょう。間違えた計算は、必ずどこ
を間違えたのか検証するようにしま
しょう。

❸ それぞれのカードの答えは、
あ…11　い…12　う…16
え…13　お…13　か…12
答えが同じになるたし算には、どの
ようなきまりがあるかも探してみま
しょう。

❹ 15を10と5に分けて考えます。
①6は、あと4で10だから、
　4と5で9。　　　　　　9
　6＋9＝15　　　　　／\
　　　　　　　　6＋4＋5＝15
　　　　　　　　　⑩
②8は、あと2で10だから、
　2と5で7。　　　　　　7
　8＋7＝15　　　　　／\
　　　　　　　　8＋2＋5＝15
　　　　　　　　　⑩

❺ 「3枚もらう」ということは、もとも
と持っていた枚数から「3枚増える」

12 かたちあそび

ぴったり1	60ページ

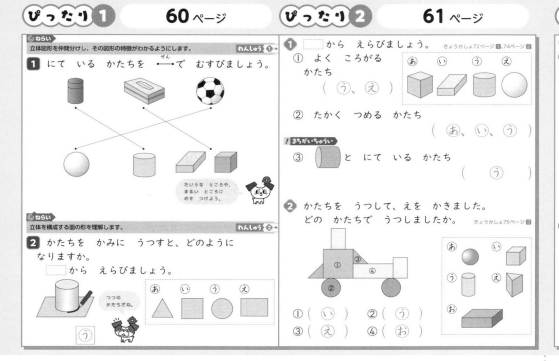

ぴったり2	61ページ

ぴったり3	62〜63ページ

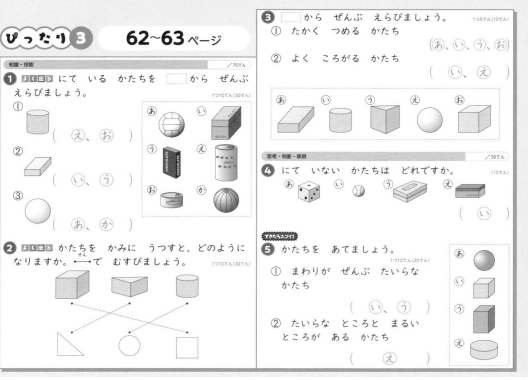

ぴったり1

1 ここでは、立体図形を大きく3つに
分類します。「箱の形」などの用語は、
形をとらえるための言葉で、具体的
な箱ではありませんので、大きさや
色などが違っていても同じ形の仲間
として分類します。

2 立体図形を構成している面の形を考
える問題です。

ぴったり2

1 ①曲面のある立体を選びます。
②平面のある立体を選びます。

2 ①ましかくです。ましかくの形があ
るのは、さいころの形です。
②まるです。まるがあるのは、筒の
形です。ボールの形は、まるに見
えますが、形を紙にうつしとるこ
とができません。
③さんかくです。さんかくの形があ
るのは、えの三角柱です。
④ながしかくです。ながしかくの形
があるのは、おの箱の形とえの三
角柱です。1年生では、ながしか
くの辺の比率は考えないので、え
でも正解です。

ぴったり3

1 ①筒の形は、平面と曲面がある形と
してとらえます。

2 さいころの形でうつしとれるのは、
ましかくです。図の三角柱の側面は
ながしかくになっているので、三角
柱からは、ましかくはうつしとれま
せん。

3 ①平面のある立体を選びます。
②曲面のある立体を選びます。

4 ⓘ以外はすべて箱の形で、平面だけ
で囲まれた立体です。

5 言葉による立体図形の特徴の表現で
す。

②あのボールの形には、平面があり
ません。平面と曲面の両方がある
立体は、えの筒の形だけです。

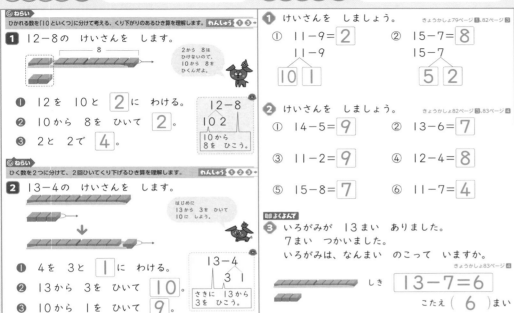

ぴったり❶	64 ページ	ぴったり❷	65 ページ

ぴったり❶

◎ねらい
ひかれる数を「10といくつ」に分けて考える、くり下がりのあるひき算を理解します。 れんしゅう❶❸

❶ 12−8の けいさんを します。

❶ 12を 10と 2 に わける。
❷ 10から 8を ひいて 2。
❸ 2と 2で 4。

2から 8は ひけないので、10から 8を ひくんだよ。

12−8
10 2
10から 8を ひこう。

◎ねらい
ひく数を2つに分けて、2回ひいてくり下げるひき算を理解します。 れんしゅう❶❷❸

❷ 13−4の けいさんを します。

はじめに 13から 3を ひいて 10に しよう。

❶ 4を 3と 1 に わける。
❷ 13から 3を ひいて 10。
❸ 10から 1を ひいて 9。

13−4
3 1
さきに 13から 3を ひこう。

ぴったり❷

❶ けいさんを しましょう。 きょうかしょ79ページ❶、82ページ❸
① 11−9= 2   ② 15−7= 8
11−9   15−7
10 1   5 2

❷ けいさんを しましょう。 きょうかしょ82ページ❸、83ページ❹
① 14−5= 9   ② 13−6= 7
③ 11−2= 9   ④ 12−4= 8
⑤ 15−8= 7   ⑥ 11−7= 4

📖よくよんで
❸ いろがみが 13まい ありました。
7まい つかいました。
いろがみは、なんまい のこって いますか。 きょうかしょ83ページ❹

しき 13−7=6

こたえ（ 6 ）まい

ぴったり❶	66 ページ	ぴったり❷	67 ページ

ぴったり❶

◎ねらい
ひき算カードを使って、くり下がりのあるひき算の練習をします。 れんしゅう❶❷

❶ カードの うらに こたえを かきましょう。
おもて うら
① 12−5 7   ② 14−8 6
③ 11−4 7
④ 16−7 9

こたえが おなじ カードが あるよ。

◎ねらい
ひき算の意味を理解し、ひき算の問題が作れるようにします。 れんしゅう❸

❷ 12−5の しきに なる もんだいを つくりましょう。

りんごが 12こ ありました。
5 こ あげると、
のこり は なんこに なりますか。

はじめに 12こ

どんな ことばを いれると、ひきざんの もんだいに なるかな。

ぴったり❷

❶ こたえが 8に なる カードを 2つ みつけましょう。 きょうかしょ86ページ❺
あ 11−3   い 16−9   う 14−8
え 13−6   お 15−6   か 13−5
（ あ と か ）

❷ こたえの おおきい ほうに ○を つけましょう。 きょうかしょ86ページ❺
① 11−7 14−9   ② 13−4 15−9
（　）（ ○ ）   （ ○ ）（　）

！まちがいちゅうい
❸ 11−6の しきに なる もんだいは どれですか。 きょうかしょ88ページ❻
あ すずめが 11わ いました。6わ とんで いきました。のこりは なんわに なりましたか。
い がようしが 11まい ありました。6まい かって きました。がようしは、ぜんぶで なんまいに なりましたか。
（ あ ）

ぴったり❶

❶ ひかれる数を「10といくつ」に分解して、ひき算とたし算をして答えを求める方法です。

❷ ひく数を分解して、ひき算を2回する方法です。❶も❷も、「10いくつ」の数を「10といくつ」に分解すること、10から1けたの数をひくひき算が基本になります。ブロックなどを使って練習しましょう。

ぴったり❷

❶ ①ひかれる数を「10といくつ」に分けて、10からひく数をひきます。

11は、10と1。10から9をひいて1。1と1で2。答えを1としてしまわないようにします。

②ひく数が小さい場合は、ひく数を分解した方が簡単です。
7は、5と2。15から5をひいて10。10から2をひいて8。

❷ ①5は4と1。14から4をひいて10。
10から1をひいて9。

❸ のこりの数をもとめる場面です。

ぴったり❶

❶ カードを使って、くり下がりのあるひき算の練習をしましょう。ひかれる数が同じカードやひく数が同じカードを順に並べたり、答えが同じカードを並べたりして、ひき算のきまりを見つける活動もしましょう。ひき算への苦手意識を残さないためにも、くり返し練習しましょう。

❷ ひき算の問題を作ります。絵に5個移動させる場面が描かれていることから、残りを求める問題とわかります。

ぴったり❷

❶ それぞれのカードの答えは、あ…8、い…7、う…6、え…7、お…9、か…8

❷ カードの答えを求めて比べます。
①11−7＝4、14−9＝5
②13−4＝9、15−9＝6

❸ ひき算の式になる問題を選びます。

知識・技能　／80てん

① □に かずを かきましょう。　1つ5てん(20てん)

13−8の けいさんの しかた

❶ 13を [10] と 3に わける。

❷ 10から [8] を ひいて 2。

❸ 2と [3] で 5。

❹ 13−8= [5]

② **よく出る** ひきざんを しましょう。　1つ5てん(40てん)

① 14−5= [9]　　② 11−4= [7]

③ 12−7= [5]　　④ 16−7= [9]

⑤ 18−9= [9]　　⑥ 13−6= [7]

⑦ 16−9= [7]　　⑧ 15−7= [8]

③ こたえが 6に なる カードを 2つ みつけましょう。　1つ5てん(10てん)

あ [11−2]　い [13−8]　う [15−9]

え [13−7]　お [12−5]　か [14−6]

(う と え)

④ こたえが 7に なるように、□に かずを かきましょう。　1つ5てん(10てん)

① 13− [6]　　　② 16− [9]

思考・判断・表現　／20てん

⑤ **よく出る** なわとびで、はるかさんは 8かい、たくやさんは 12かい とびました。
たくやさんは、はるかさんより なんかい おおく とびましたか。　1つ5てん(10てん)

しき [12−8=4]　　こたえ (4)かい

できたらスゴイ！

⑥ 13−9の しきに なる もんだいを つくりましょう。　(10てん)

(れい)
りんごが 9こ、みかんが 13こ あります。
みかんは りんごより なんこ おおいですか。

---

② 16から6をひくと 10。
10から3をひくと7だから、
16から(6と3で)9をひくと7
になります。

⑤ 「どちらが多い」というひき算の問題
です。図をかくと、次のようになり
ます。

|　　　　8 かい　　　　|
はるか ○○○○○○○○
たくや ○○○○○○○○○○○○
|　　　おおい
|　　　　12 かい　　　　|

⑥ 「違い」を求める場面であれば正解で
す。他に、「どちらが なんこ お
おいですか。」「ちがいは なんこで
すか。」などの聞き方があります。

ぴったり③

❶ くり下がりのあるひき算の計算のし
かたがわかっているかをみる問題で
す。ブロックを使ったり、○の図を
かいたりして確認しておきましょう。

❷ 速く正確にできるように練習しま
しょう。計算問題は、やればやるほ
ど力がつきます。反復練習が大切で
すから、例えば、1日5問と決めて、
毎日することで、計算のしかたも身
につき、正確に速くできるようにな
ります。

くり上がり、くり下がりの計算は、
これから数が大きくなるにしたがっ
て、とても重要な要素になります。

❸ それぞれのカードの答えは、
あ…9　い…5　う…6
え…6　お…7　か…8

❹ 7は、10から3をひいた数です。
①13から3をひくと10。
10から3をひくと7だから、
13から(3と3で)6をひくと7
になります。

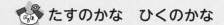

たすのかな　ひくのかな

70〜71 ページ

❶ こどもどうぶつえんに いきました。

① おとこのこが 8にん、おんなのこが 6にん います。
みんなで なんにん いますか。

しき　8+6=14

こたえ (14)にん

② しろい うさぎが 14ひき います。くろい うさぎが 9ひき います。
どちらが なんびき おおいですか。

しき　14-9=5

こたえ (しろ)い うさぎが
(5)ひき おおい。

③ つのが ある やぎが 5ひき、つのが ない やぎが 9ひき います。
やぎは あわせて なんびき いますか。

しき　5+9=14

こたえ (14)ひき

④ こどもの ペンギンが 7ひき います。
おとなの ペンギンが 16ぴき います。
こどもと おとなの かずの ちがいは なんびきですか。

しき　16-7=9

こたえ (9)ひき

⓮ どちらが おおい どちらが ひろい

ぴったり1　72ページ　**ぴったり2**　73ページ

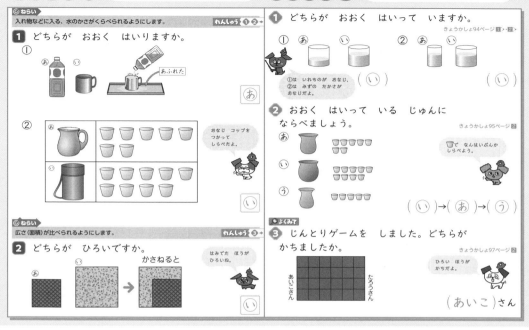

---

❶ ①「みんなで なんにん」だから、「合わせる」場面のたし算です。

②「違い」を求めるひき算の問題です。答え方に注意します。

④問題文に出てくる数の順に、7-16=9 としてしまう誤りがあります。ひき算は必ず大きい数から小さい数をひくように指導します。

ぴったり1

1 ①あに入れた水は、いに入りきらないでこぼれたので、あの方がいよりも多く水が入るとわかります。直接比較です。

②2つの容器のかさを、同じコップで何杯分水が入るかで比べます。あは7杯分、いは9杯分です。任意単位による比べ方です。

2 四角い布などは、重ねてはみ出た方が広いです。直接比較です。

ぴったり2

1 かさの直接比較の学習です。①は、水の高さが高いいの容器の方が多いです。②は、容器の大きさが異なっていて、水の高さが同じです。このとき、容器の底が広い方が多く入るので、いの容器の方が多いです。

2 かさの任意単位による比較です。コップが全て同じ大きさなので、コップの数でかさが比べられます。

3 広さの任意単位による比較です。2人のますの数は、あいこさんの方が多いです。数が多い方が広いので、あいこさんの勝ちです。

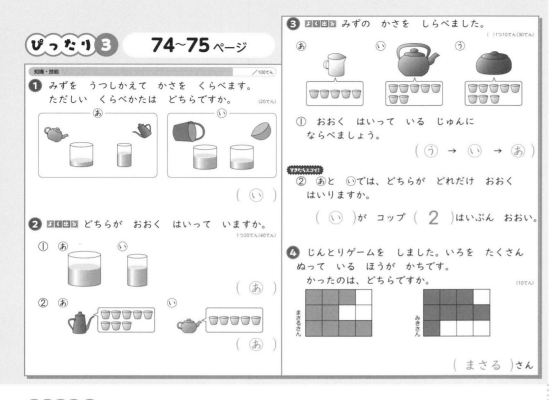

少ない方を引きます。あよりもいの 方が多く入っているので、 7−5＝2より、いの方がコップ 2杯分多いと求められます。

④ じんとりゲームは、色を塗った広さ が広い方が勝ちです。まさるさんは 9ます分、みきさんは8ます分塗っ ているので、より広く塗ったまさる さんの勝ちです。数え間違いをする ときは、印をつけて数えるようにし ましょう。

ぴったり3

① かさの直接比較の正しい方法がわ かっているかをみる問題です。水の かさを比べるときは、同じ容器に移 して水の高さを比べます。水の高さ が高い方が、かさが多いとわかりま す。

② ①容器に入れた水の高さが同じとき は、容器の底が広い方が多く入っ ています。図を見ると、あの方が 容器の底が広いので、多く入って いるとわかります。

②同じコップを使って調べているの

で、コップの数が多い方が多く 入っています。あはコップ8杯分、 いはコップ5杯分なので、あの方 が多く入っているとわかります。

③ ①あはコップ5杯分、いはコップ7 杯分、うはコップ8杯分です。同 じコップを使って調べているので、 コップの数が多い方が、より多く 入っています。コップの数が多い 順に並べます。

②ちがいを求める場面は、ひき算で 求めます。多く入っている方から、

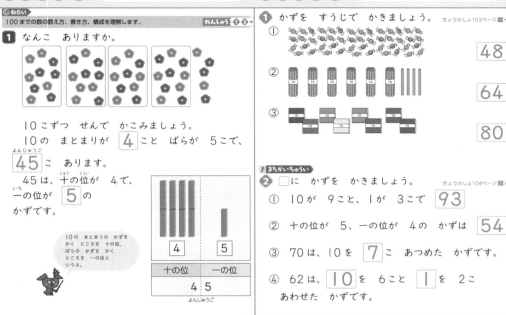

◎ねらい
100までの数の数え方、書き方、構成を理解します。　れんしゅう❶❷❸

❶ なんこ ありますか。

10こずつ せんで かこみましょう。
10の まとまりが 4こと ばらが 5こで、
45こ あります。
45は、十の位が 4で、一の位が 5の かずです。

10の まとまりの かずを かく ところを 十の位、ばらの かずを かく ところを 一の位と いうよ。

十の位	一の位
4	5

よんじゅうご

❶ かずを すうじで かきましょう。　きょうかしょ103ページ❶

① 48
② 64
③ 80

！まちがいちゅうい
❷ ☐に かずを かきましょう。　きょうかしょ104ページ❷
① 10が 9こと、1が 3こで 93
② 十の位が 5、一の位が 4の かずは 54
③ 70は、10を 7こ あつめた かずです。
④ 62は、10を 6こと 1を 2こ あわせた かずです。

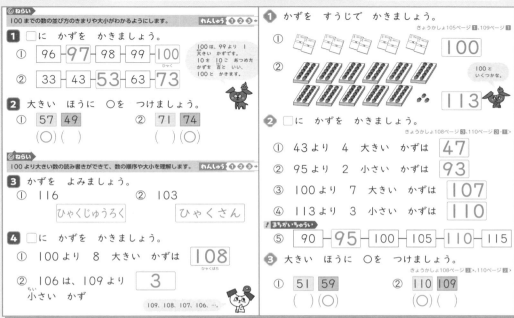

◎ねらい
100までの数の並び方のきまりや大小がわかるようにします。　れんしゅう❶❷❸

❶ ☐に かずを かきましょう。
① 96—97—98—99—100
② 33—43—53—63—73

100は、99より 1 大きい かずです。10を 10こ あつめた かずを 百と いい、100と かきます。

❷ 大きい ほうに ○を つけましょう。
① 57 49　　② 71 74
　(○)(　)　　(　)(○)

◎ねらい
100より大きい数の読み書きができて、数の順序や大小を理解します。　れんしゅう❶❷❸

❸ かずを よみましょう。
① 116　　② 103
　ひゃくじゅうろく　　ひゃくさん

❹ ☐に かずを かきましょう。
① 100より 8 大きい かずは 108
② 106は、109より 3 小さい かず

109、108、107、106、…。

❶ かずを すうじで かきましょう。　きょうかしょ105ページ❶、109ページ❶
① 100
② 113

100と いくつかな。

❷ ☐に かずを かきましょう。　きょうかしょ108ページ❸、110ページ❸・❶
① 43より 4 大きい かずは 47
② 95より 2 小さい かずは 93
③ 100より 7 大きい かずは 107
④ 113より 3 小さい かずは 110

！まちがいちゅうい
⑤ 90—95—100—105—110—115

❸ 大きい ほうに ○を つけましょう。　きょうかしょ108ページ❸、110ページ❸・❶
① 51 59　　② 110 109
　(　)(○)　　(○)(　)

ぴったり❶
❶ 2けたの数は、十の位と一の位の2つの位を使って表します。十の位の数は、10のまとまりが何個あるかを、一の位の数は、1が何個あるかを表します。図のおはじきは、10のまとまりが4個で40(よんじゅう)、40と5で45(よんじゅうご)です。2けたの数の書き方、読み方をしっかり理解しましょう。

ぴったり❷
❶ ①10個ずつ線で囲んで、10のまとまりが何個あるか数えます。

10が4個で40、40と8で48。
②10が6個で60(ろくじゅう)
60と4で64(ろくじゅうし)
③10が8個で80(はちじゅう)
❷ ①10が9個で90、1が3個で3。90と3で93(きゅうじゅうさん)
②十の位の5は10が5個あることを、一の位の4は1が4個あることを確認しておきます。
④62は、6と2を合わせた数ではなく、60と2を合わせた数です。

ぴったり❶
❶ ①98—99から、1大きい数の列。
②33—43から10大きい数の列。
❷ ①十の位の数が大きい方が大きい。
②十の位の数が同じときは、一の位の数で比べます。
❸ ①116は100と16を合わせた数。
②103は100と3を合わせた数。
❹ ①100と8で108です。
②109は、100と9です。106は100と6です。6より9の方が3小さい数です。

ぴったり❷
❶ ①10が10個で100です。
②100と13で113です。
❷ ①43は40と3。3より4大きい数は7。40と7で47です。
④113は100と13。13より3小さい数は10。100と10で110。
⑤100—105から5大きい数の列。
❸ ①一の位の数字で大きさを比べる。
②9より10の方が大きいから、109より110の方が大きい。

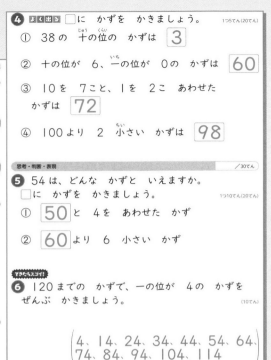

④ ③10が7個で70、1が2個で2、
70と2で72です。
④100から順に1ずつ小さい数を
並べてみましょう。

100、99、98、97、…

2小さい

120まで、小さい順にも大きい
順にもいえるようにしましょう。
また、2飛び、5飛び、10飛び
の数もわかるようにしましょう。

⑤ 1つの数を、いろいろな見方で表せ
るようにしておきましょう。他に、
10を5個と1を4個あわせた数、
53より1大きい数、などの表し方
もあります。

⑥ 4を忘れないように注意しましょう。
小さい順に並べたとき、何か決まり
はないでしょうか。決まりを考える
ことで、数に対する関心が高まり、
理解が深まります。また、書き忘れ
なども防止できます。

ぴったり３

❶ ①5個ずつ束になっています。2束
　ずつ囲むと、10が4個と5で
　45。
　②100と14で114。
❷ 数が2つ続いているところを見て、
　どのように数が並んでいるかを判断
　します。
　①10ずつ大きくなっています。
　②66-64 から、2ずつ小さく
　なっていることがわかります。
　70の右の□には、70より2
　小さい68が、64の右の□に

は、64より2小さい62があて
はまります。
　③115から1ずつ大きい数が順に
　並んでいます。
❸ ①十の位の数字は6で同じだから、
　一の位の数字で比べます。
　②120は、100と20。102は、
　100と2です。20と2では、
　20の方が大きいから、120の
　方が大きいです。
　①、②とも、数の線で確認しておき
　ましょう。

16 たしざんと ひきざん

◎ねらい
何十と何十のたし算、ひき算ができるようにします。 　**れんしゅう①→**

1 30+10の けいさんの しかたを かんがえます。
　30は、10の まとまりが 3こ。
　10は、10の まとまりが
　1 こだから、10の まとまりが、
　3+1=**4**（こ）で、
　30+10=**40**

10の まとまりで かんがえよう。

◎ねらい
何十いくつといくつのたし算、ひき算ができるようにします。 　**れんしゅう②③→**

2 32+3の けいさんの しかたを かんがえます。
　32は、30と **2**。
　一の位が、2+3=**5** だから、
　32+3=**35**

一の位の 2に 3を たすんだね。

1 けいさんを しましょう。 　きょうかしょ115ページ①、117ページ②
　① 30+20=**50** 　　② 40+60=**100**
　③ 50-10=**40** 　　④ 100-70=**30**
　　10の まとまりが 5-1＝4（こ）

！まちがい・ちゅうい
2 けいさんを しましょう。 　きょうかしょ118ページ③・④、119ページ⑤・⑥
　① 60+7=**67** 　　② 43+5=**48**
　③ 86+2=**88** 　　④ 39-9=**30**
　⑤ 46-2=**44** 　　⑥ 75-4=**71**

3 チョコレートが 28こ ありました。
　4こ たべました。
　のこりは なんこですか。 　きょうかしょ119ページ⑦→
　しき **28-4=24** 　こたえ（ **24** ）こ

知識・技能 　　/80てん

1 70-20の けいさんの しかたを かんがえます。
□に かずを かきましょう。 　1つ5てん(20てん)

　❶ 70は 10が **7** こ、
　　20は 10が **2** こです。
　❷ 10の まとまりが
　　7-2=**5**（こ）と
　　かんがえて、
　❸ 70-20=**50**

2 けいさんを しましょう。 　1つ5てん(30てん)
　① 50+30=**80** 　　② 40-10=**30**
　③ 20+60=**80** 　　④ 80-30=**50**
　⑤ 10+90=**100** 　　⑥ 100-60=**40**

3 けいさんを しましょう。 　1つ5てん(30てん)
　① 80+3=**83** 　　② 47-7=**40**
　③ 24+5=**29** 　　④ 86-2=**84**
　⑤ 32+6=**38** 　　⑥ 75-4=**71**

思考・判断・表現 　　/20てん

4 ちゅうしゃじょうに 車が 24だい
とまって います。5だい はいって きました。
車は ぜんぶで なんだいに なりましたか。 　1つ5てん(10てん)
　しき **24＋5=29**
　　こたえ（ **29** ）だい

できたらスゴイ!
5 100円で、30円の えんぴつと
50円の けしゴムを かいました。
のこりは なん円ですか。 　1つ5てん(10てん)

30円　50円

　しき **100-30-50=20**
　　　　こたえ（ **20** ）円

ぴったり1

1 10のまとまりがいくつ分あるかで考えます。30は、10が3個、10は、10が1個。10のまとまりが、3+1=4（個）で40。

2 ばらどうしの計算をすればよいことに気づかせます。32は30と2、2と3で5、30と5で35。すなわち、32+3=35。3に3をたして32+3=62とする間違いに注意します。

ぴったり2

1 ①10が、3+2=5（個）で50。
②10が、4+6=10（個）で100。
③10が、5-1=4（個）で40。
④10が、10-7=3（個）で30。
2 ①60と7で67。
②43は40と3。3に5をたして8。40と8で48。
④39は30と9。9から9をひくと0。
⑤46の6から2をひきます。46は、40と6。6から2をひいて4。40と4で44。
3 「残り」を求めるので、ひき算です。

ぴったり3

2 10のまとまりで考えます。
①　　　50+30=80
　　　　↓　↓　↑
　10が、5 + 3 = 8（個）
⑥　　　100-60=40
　　　　↓　↓　↑
　10が、10 - 6 = 4（個）
3 2けたの数＋1けたの数の計算では、1けたの数は、2けたの数の一の位の数字にたします。
③24+5=29
　　⌣
　　9

2けたの数-1けたの数の計算では、2けたの数の一の位の数字から1けたの数をひきます。
④86-2=84
　　⌣
　　4

5 式の書き方は、他にもあります。
・1つずつひく場合
　100-30=70
　70-50=20（円）
・代金をまとめてひく場合
　30+50=80
　100-80=20（円）

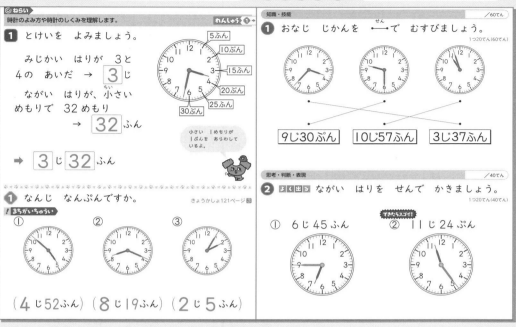

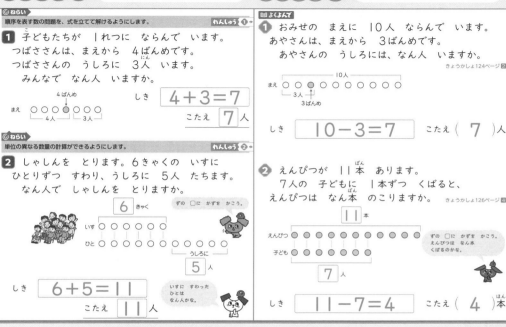

ぴったり❶

① 短針で「時」、長針で「分」を読みます。「時」は、文字盤の小さい方の数字を読む、「分」は小さい目盛りいくつ分で読む、文字盤の数字は「１」が５分、「２」が１０分、…と５分飛びに並ぶことを理解させます。

ぴったり❷

① ①短い針は５に近いですが、まだ５時にはなっていないので、４時台です。文字盤の数字「１０」が５０分で、それより２目盛り進んでいるので、５２分です。

ぴったり❸

① 真ん中の時計の時刻は、今までは９時半と読みましたが、同じ時刻を表すことを理解しましょう。

② ①文字盤の数字は５目盛りおきについているので、「１」から順に５、１０、１５、…と数えると、４５分は「９」の数字にあたります。

②２４分は、２０分と４目盛りです。「４」の数字から４目盛りめを指します。

ぴったり❶

① 順序を表す数と集まりを表す数の２通りあることを学びました。ここでは、順序を表す数を集まりを表す数に置き換えて、計算に使います。図を見ると、先頭からつばささんまでで４人です。このように「４番目」を「４人」に置き換えれば「４人と３人で７人」とたし算ができます。

② ６脚の椅子に１人ずつ座ると６人座るので、写真を撮る人数は、座った６人と後ろの５人の和で、６＋５＝１１（人）です。答えの単位が「人」であることに注意し、単位がそろうように計算をします。

ぴったり❷

① あやさんまでに３人いることが図からわかるので、あやさんの後ろの人数は、１０−３というひき算の式で求められることがわかります。

② ７人に１本ずつ配ると７本使うから、「１１本から７本配ると残りは何本」という場面になります。したがって、式は、１１−７＝４ となります。

ぴったり1 — 90ページ

◎ねらい
多い方の数を求める問題が解けるようにします。

れんしゅう①→

1 犬が 6ぴき います。
ねこは、犬より 5ひき おおいです。
ねこは なんびき いますか。

ずを かくと わかりやすいね。

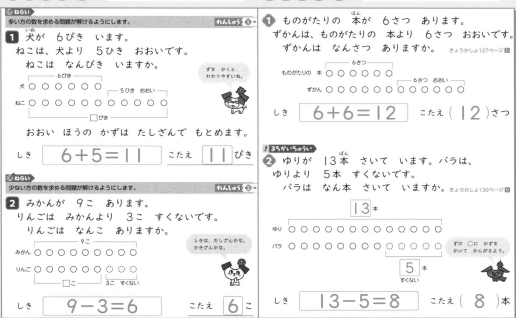

犬 ［6ぴき］
ねこ ［5ひき おおい］
［□びき］

おおい ほうの かずは たしざんで もとめます。

しき 6＋5＝11　こたえ 11 ぴき

◎ねらい
少ない方の数を求める問題が解けるようにします。

れんしゅう②→

2 みかんが 9こ あります。
りんごは みかんより 3こ すくないです。
りんごは なんこ ありますか。

しきは、たしざんかな。ひきざんかな。

みかん ［9こ］
りんご ［□こ］［3こ すくない］

しき 9－3＝6　こたえ 6 こ

ぴったり2 — 91ページ

1 ものがたりの 本が 6さつ あります。
ずかんは、ものがたりの 本より 6さつ おおいです。
ずかんは なんさつ ありますか。　きょうかしょ127ページ⑤

ものがたりの 本 ○○○○○○［6さつ］
ずかん ○○○○○○○○○○○○［6さつ おおい］

しき 6＋6＝12　こたえ（ 12 ）さつ

！まちがいちゅうい

2 ゆりが 13本 さいて います。バラは、
ゆりより 5本 すくないです。
バラは なん本 さいて いますか。　きょうかしょ130ページ⑥

ずの □に かずを かいて かんがえよう。

［13本］
ゆり ○○○○○○○○○○○○○
バラ ○○○○○○○○ ［5本 すくない］

しき 13－5＝8　こたえ（ 8 ）本

ぴったり3 — 92〜93ページ

知識・技能　／10てん

1 つぎの ばめんを あらわして いる
ずは どれですか。
「赤い いろがみが 4まい あります。青い
いろがみは 赤い いろがみより 2まい
すくないです。」　（10てん）

（ ⓘ ）

ⓐ 赤 ■■■■
　 青 ■■■■■■

ⓘ 赤 ■■■■
　 青 ■■□□

思考・判断・表現　／90てん

2 バスの ていりゅうじょに 14人 ならんで
います。たもつさんは、まえから 8ばんめです。
たもつさんの うしろには、なん人 いますか。
ずの □に かずを かいて こたえましょう。
　□1つ5てん、（ ）1つ10てん（30てん）

［14人］
まえ ○○○○○○○●○○○○○○
　　　　　　　　［8人］ 8ばんめ

しき（ 14－8＝6 ）　こたえ（ 6 ）人

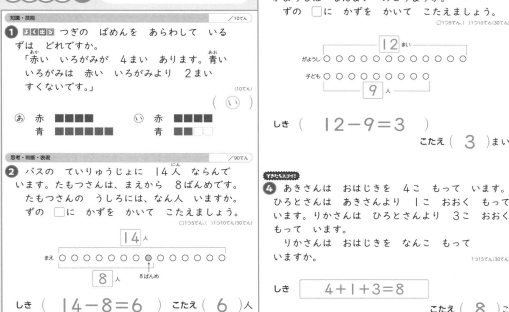

3 ⊰よく出る⊱ がようしが 12まい あります。
9人の 子どもに 1まいずつ くばると、
がようしは なんまい のこりますか。
ずの □に かずを かいて こたえましょう。
　□1つ5てん、（ ）1つ10てん（30てん）

［12まい］
がようし ○○○○○○○○○○○○
子ども ○○○○○○○○○
　　　　　［9人］

しき（ 12－9＝3 ）
こたえ（ 3 ）まい

できたらスゴイ！

4 あきさんは おはじきを 4こ もって います。
ひろとさんは あきさんより 1こ おおく もって
います。りかさんは ひろとさんより 3こ おおく
もって います。
りかさんは おはじきを なんこ もって
いますか。
　1つ15てん（30てん）

しき 4＋1＋3＝8

こたえ（ 8 ）こ

ぴったり1

1 多い方の数を求めるときはたし算を使うことを、図をかいて学びます。

2 少ない方の数を求めるときはひき算を使うことを、図をかいて学びます。〇を使った図のかき方を考えましょう。

ぴったり2

1 図から、式はたし算です。

2 図の□に数を入れて考えましょう。少ない方の数を求めるときは、ひき算になります。

ぴったり3

1 多い、少ないの意味がわかり、図が正しくかけるようにしましょう。□1個が色紙1枚を表しています。
上の学年へ行くにしたがって、文章題を考える上で図が重要になります。今から、図のかき方をしっかり身につけておくことが大切です。

2 たもつさんまでに8人いるから、たもつさんの後ろの人数は、14－8で求められます。

3 画用紙は9枚減るから、残りは12－9＝3（枚）です。

4 図をかいてみましょう。

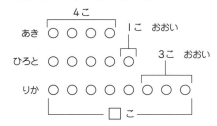

あき ○○○○ ［4こ］［1こ おおい］
ひろと ○○○○○ ［3こ おおい］
りか ○○○○○○○○ ［□こ］

図をかくと、数量の関係がわかりやすくなります。
ひろとさんは、4＋1＝5（個）
りかさんは、5＋3＝8（個）
このように、2つの式に分けて求めてもかまいません。

ぴったり❶ 94ページ

ぴったり❷ 95ページ

ぴったり❸ 96～97ページ

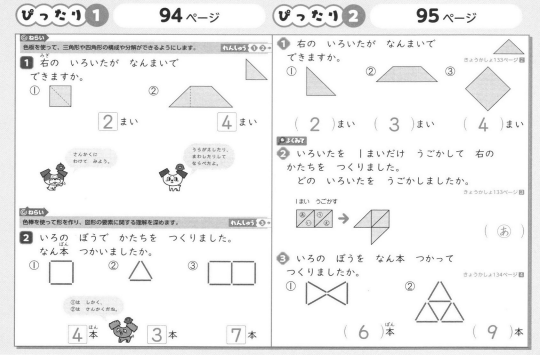

◎ねらい
色板を使って、三角形や四角形の構成や分解ができるようにします。 れんしゅう❶❷

1 右の いろいたが なんまいで できますか。

① 2 まい ② 4 まい

さんかくに わけて みよう。

うらがえしたり、まわしたりして ならべたよ。

◎ねらい
色棒を使って形を作り、図形の要素に関する理解を深めます。 れんしゅう❸

2 いろの ぼうで かたちを つくりました。なん本 つかいましたか。

① □ ② △ ③ □□

①は しかく、②は さんかくだね。

4 本　3 本　7 本

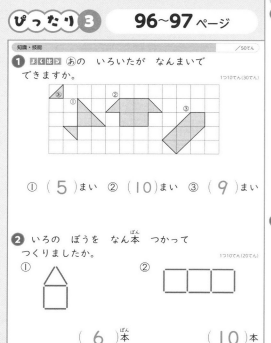

1 右の いろいたが なんまいで できますか。
きょうかしょ133ページ❷

① ② ③

(2)まい (3)まい (4)まい

2 いろいたを 1まいだけ うごかして 右の かたちを つくりました。
どの いろいたを うごかしましたか。
きょうかしょ133ページ❸

1まい うごかす

(あ)

3 いろの ぼうを なん本 つかって つくりました。
きょうかしょ134ページ❹

① ②

(6)本　(9)本

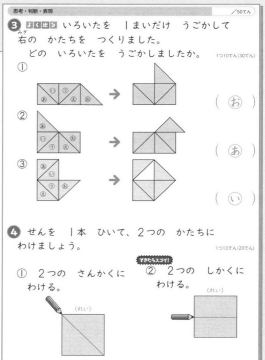

知識・技能 /50てん

1 よく出る あの いろいたが なんまいで できますか。
1つ10てん(30てん)

① (5)まい ② (10)まい ③ (9)まい

2 いろの ぼうを なん本 つかって つくりましたか。
1つ10てん(20てん)

① ②

(6)本　(10)本

思考・判断・表現 /50てん

3 よく出る いろいたを 1まいだけ うごかして 右の かたちを つくりました。
どの いろいたを うごかしましたか。
1つ10てん(30てん)

① → (お)

② → (あ)

③ → (い)

4 せんを 1本 ひいて、2つの かたちに わけましょう。
1つ10てん(20てん)

① 2つの さんかくに わける。

できたらスゴイ！
② 2つの しかくに わける。

(れい)　(れい)

ぴったり❶

1 色板を実際に並べてみましょう。

②
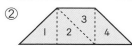

2 「しかく」は4本の色棒、「さんかく」は3本の色棒で構成できます。

ぴったり❷

1 ①　②　③

色板を何枚も並べて、回転させたり裏返したりすると、一見ちがった形に見えますが、同じ形であることなどに気づけます。

②

向きを変えずに、ずらして移動させています。図形を移動するときは、このほかに、回転させる、裏返す方法があることも覚えておきましょう。

3 印をつけながら数えます。

ぴったり❸

1 あの色板2枚で、方眼のます1つ分のましかくができることを手がかりに考えましょう。

2 印をつけながら、色棒の数を数えましょう。

3 ①

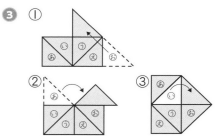

②　③

4 ①向かい合った頂点を結ぶと、2つの三角形に分けられます。

②向かい合った辺上の点を結ぶと、2つの四角形に分けられます。

どのような形に分けられるか、体験を通して理解させましょう。

ぴったり1 98 ページ

ぴったり2 99 ページ

ぴったり3 100 ページ

101 ページ

ぴったり1

◎ねらい
数を等分する意味と方法を理解します。

わんしゅう ❶❷→

1 あめが 6こ あります。ひとりに 2こずつ わけます。なん人に わけられますか。

ひとりぶん

① 2こずつ ◯で かこみましょう。

② しきに あらわしましょう。

2+ 2 + 2 =6

おなじ かずの たしざんで あらわそう。

③ 3 人に わけられます。

2 りんごが 9こ あります。3人で おなじ かずずつ わけると、ひとりぶんは なんこに なりますか。

① 1こずつ わけると、
└→1+1+1=3(こ) へります。

6 こ のこります。

② 2こずつ わけると、
└→2+2+2=6(こ) へります。

まだ 3 こ のこります。

③ 3 こずつ わけると、
└→3+3+3=9(こ)

ちょうど わけられます。

ずに あらわして みよう。

ぴったり2

1 ボールが 12こ あります。なん人かに おなじ かずずつ わけます。

きょうかしょ136ページ❶

① ひとりに 3こずつ わけると、なん人に わけられますか。

(4)人

② ひとりに 4こずつ わけると、なん人に わけられますか。

(3)人

まちがいちゅうい

2 みかんが 15こ あります。

きょうかしょ137ページ❷

① 3人で おなじ かずずつ わけると、ひとりぶんは なんこに なりますか。

(5)こ

② 5人で おなじ かずずつ わけると、ひとりぶんは なんこに なりますか。

(3)こ

ぴったり3

知識・技能 /60てん

1 りんごが 18こ あります。なん人かに おなじ かずずつ わけます。

1つ30てん(60てん)

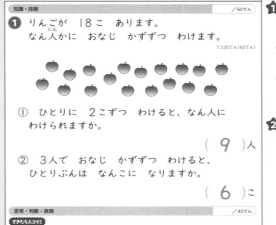

① ひとりに 2こずつ わけると、なん人に わけられますか。

(9)人

② 3人で おなじ かずずつ わけると、ひとりぶんは なんこに なりますか。

(6)こ

思考・判断・表現 /40てん

できたらスゴイ!

2 ガムが 10こ あります。あまらないように わけられるのは どれですか。

(40てん)

あ ひとりに 4こずつ わける。
い ひとりに 5こずつ わける。

(い)

---

1 いすに すわる ときの うごきを「小さい うごき」に わけて みましょう。

① いすを ひく 。

② いすに すわる 。

うごきを おもい出して わけて みよう。

2 手を あらう ときの うごきを「小さい うごき」に わけます。

□ に あてはまる ことばを 右の ことばカードから えらんで かきましょう。

手を ぬらす。
↓
① せっけんを つけて こする 。
↓
② 手を 水で ながす 。
↓
③ ハンカチで 手を ふく 。

《ことばカード》
こする
ふく
ながす

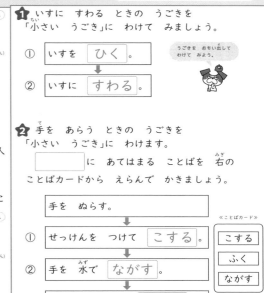

ぴったり1

1 具体物をいくつかずつにまとめて数えたり、等分したりする考え方は、「かけ算」や「わり算」につながります。

2 等分する考え方です。3人に1個ずつ分けていってみましょう。

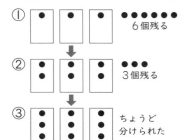

① 6個残る

② 3個残る

③ ちょうど分けられた

ぴったり2

1 図を使って求めます。

① (ボールを3個ずつ囲んだ図)

② (ボールを4個ずつ囲んだ図)

2 ①1個ずつ振り分けて考えます。あきさんを「あ」、たかしさんを「た」、ゆりさんを「ゆ」とすると、

あ あ あ あ あ
た た た た た
ゆ ゆ ゆ ゆ ゆ

1人分が5個のとき、ちょうど分けられることがわかります。

ぴったり3

1 ②1個ずつに、あ、い、うの記号をつけて振り分けていくと、

あ あ い う い い あ い
い あ あ あ う あ う あ
い う う う あ う う う

1人分は6個とわかります。

2 図をかいて考えます。

あの方が2個余ります。余らないように分けられるのはいの方です。

---

1 日常の動作を小さい動きに分ける練習です。上の学年で学ぶ、フローチャートの作成などにつながる学習です。

2 日常の動作を思い出して、動きの順番をよく整理しましょう。慣れてきたら、もっと細かな動きに分けたり、他の動作を分けたりする練習もしてみましょう。プログラミング的思考の育成は、論理的な思考力の育成に役立ちます。

102ページ

① かずを すうじで かきましょう。 (10てん)

(53)

② □に かずを かきましょう。 1つ5てん(10てん)

① 10が 9こと、1が 4こで **94** です。

② 十の位が 8、一の位が 3の かずは **83** です。

③ □に かずを かきましょう。 □1つ5てん(20てん)

① 49 **50** 51 52 **53**

② **100** 95 90 85 **80**

④ 大きい ほうに ○を つけましょう。 1つ5てん(10てん)

① 70 60 ② 99 100

(○)( ) ( )(○)

⑤ けいさんを しましょう。 1つ5てん(25てん)

① 4+3=**7**

② 7+8=**15**

③ 10-6=**4**

④ 13-8=**5**

⑤ 17-9=**8**

⑥ けいさんを しましょう。 1つ5てん(25てん)

① 8+2-5=**5**

② 10-7+2=**5**

③ 21+6=**27**

④ 89-4=**85**

⑤ 100-30=**70**

---

⑤ くり上がりやくり下がりのある計算に注意しましょう。くり上がりのあるたし算では、まず10をつくること、くり下がりのあるひき算では、ひかれる数を「10といくつ」に分解することが基本です。
上の学年へ進むにしたがって数が大きくなり、計算も複雑になります。くり上がり、くり下がりの基礎をしっかり固めておきましょう。

⑥ ①②左から順に計算します。
①8+2-5=10-5=5
②10-7+2=3+2=5
③④一の位どうしの計算をします。
③21+6=27
　　7
④89-4=85
　　5
⑤10のまとまりで考えます。10が、10-3=7（個）で、70です。

---

① 10が5個で50、50と3で53。
② ①90と4で94。
③ ①1目盛りは1を表しています。
　②5ずつ小さくなっています。大きい順に並んでいることに注意します。
④ ①十の位の数字で比べます。十の位の数字は、10が何個あるかを表している数だから、十の位の数字が大きい方が大きい数といえます。
　②100は、99より1大きい数です。

103ページ

① ながい じゅんに、ならべましょう。 (ぜんぶできて20てん)

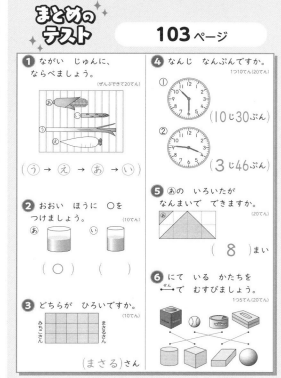

(う → え → あ → い)

② おおい ほうに ○を つけましょう。 (10てん)

あ　　い

(○) ( )

③ どちらが ひろいですか。 (10てん)

みちこさん　まさるさん

(まさる)さん

④ なんじ なんぷんですか。 1つ10てん(20てん)

① (10じ30ぷん)

② (3じ46ぷん)

⑤ あの いろいたが なんまいで できますか。 (20てん)

(8)まい

⑥ にて いる かたちを せんで むすびましょう。 1つ5てん(20てん)

---

⑤ 次のようにならべています。

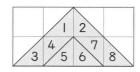

---

① 目盛りの数で長さを比べます。
② 容器の水の高さは同じですが、あの方が底の面積が広いので、多く入ります。
③ 広さの任意単位による比較です。みちこさんは7ます分、まさるさんは8ます分の広さです。数の大きい方が広いです。
④ 短い針が「何時」を、長い針が「何分」を表していることを理解し、時計を正確によむことができるかを確認します。

まとめのテスト　104ページ

❶ すなばで 8人 あそんで います。
　3人 ふえると なん人に なりますか。　1つ10てん(20てん)

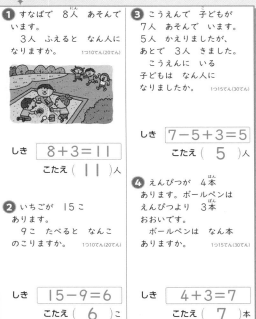

しき　$8+3=11$
こたえ（ 11 ）人

❷ いちごが 15こ あります。
　9こ たべると なんこ のこりますか。　1つ10てん(20てん)

しき　$15-9=6$
こたえ（ 6 ）こ

❸ こうえんで 子どもが 7人 あそんで います。5人 かえりましたが、あとで 3人 きました。
　こうえんに いる 子どもは なん人に なりましたか。　1つ15てん(30てん)

しき　$7-5+3=5$
こたえ（ 5 ）人

❹ えんぴつが 4本 あります。ボールペンは えんぴつより 3本 おおいです。
　ボールペンは なん本 ありますか。　1つ15てん(30てん)

しき　$4+3=7$
こたえ（ 7 ）本

$7-5=2$、$2+3=5$ のように、2つの式に分けて書いていても間違いではありません。

❹ たし算かひき算かを迷うときは、図をかきましょう。

```
              4本
          ┌─────────┐
えんぴつ  ○ ○ ○ ○   3本 おおい
                    ┌─────────┐
ボールペン ○ ○ ○ ○ ○ ○ ○
          └──────□ 本──────┘
```

---

❶ 「ふえると」という言葉から、たし算の式になります。

❷ 残りを求める場面です。式は、ひき算になります。問題文から、実際の場面が想定できるようにしましょう。

❸ 減少の次に増加が起こる場面を、ひき算とたし算の混じった1つの式に表す問題です。問題文から、場面をきちんととらえられているかを確かめておきましょう。

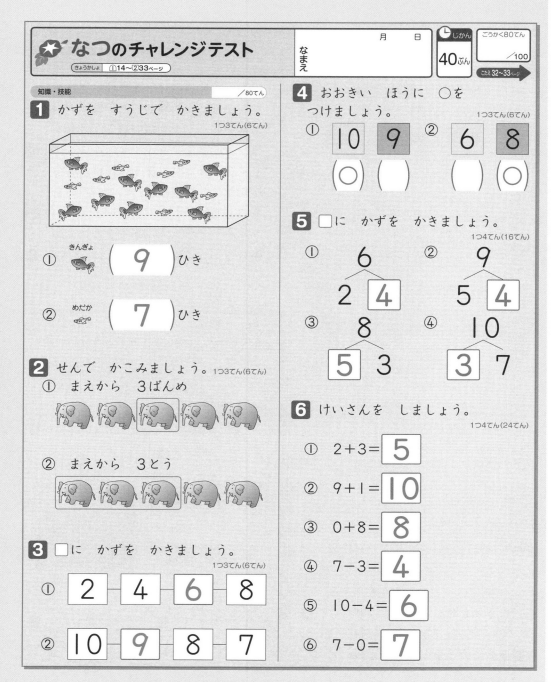

★ なつのチャレンジテスト

きょうかしょ ①14〜②33ページ

なまえ

月　日

じかん 40ぷん
ごうかく80てん ／100
こたえ 32〜33ページ

知識・技能 ／80てん

1 かずを すうじで かきましょう。
1つ3てん(6てん)

① きんぎょ （ 9 ）ひき

② めだか （ 7 ）ひき

2 せんで かこみましょう。1つ3てん(6てん)
① まえから 3ばんめ

② まえから 3とう

3 □に かずを かきましょう。
1つ3てん(6てん)

① 2 — 4 — 6 — 8

② 10 — 9 — 8 — 7

4 おおきい ほうに ○を つけましょう。
1つ3てん(6てん)

① 10 9
（○）（ ）

② 6 8
（ ）（○）

5 □に かずを かきましょう。
1つ4てん(16てん)

① 6
2 4

② 9
5 4

③ 8
5 3

④ 10
3 7

6 けいさんを しましょう。
1つ4てん(24てん)

① 2+3= 5

② 9+1= 10

③ 0+8= 8

④ 7-3= 4

⑤ 10-4= 6

⑥ 7-0= 7

1 数え間違いのないように、鉛筆で✓などの印をつけて数えましょう。

2 ①「前から3番目」は順序を表す数、②「前から3頭」は集まりを表す数です。
　この違いを理解できるようにしましょう。

4 数の大小比較ができるようにしましょう。おはじきやブロックを個数だけ集めて比較すると、わかりやすいです。

5 数の合成と分解です。
　日常生活の中で「あといくつで○になるかな」など、具体物で考えさせると効果があります。

6 計算につまずくようでしたら、具体物を使って数えさせましょう。多少時間がかかってもかまいません。特に、ひかれる数が10のひき算は大切です。
　何度もくり返し練習させましょう。

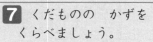
7 くだものの かずを
　くらべましょう。

①ず1つ1てん、②③④1つ4てん(16てん)

① くだものの かずだけ いろを
　ぬりましょう。

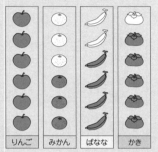

| りんご | みかん | ばなな | かき |

② いちばん おおい くだものは
　どれですか。

（ りんご ）

③ いちばん すくない くだものは
　どれですか。

（ みかん ）

④ みかんと かきは なんこ
　ちがいますか。

（ 2 ）こ

思考・判断・表現　　　　　　／20てん

8 えほんが 6さつ、ずかんが
　2さつ あります。
　　あわせて なんさつ ありますか。

1つ4てん(8てん)

しき ［ 6＋2＝8 ］

こたえ（ 8 ）さつ

9 あかい くるまが 6だい
　あおい くるまが 10だい
　とまって います。
　　どちらが なんだい おおいですか。

しき・こたえ 1つ4てん(8てん)

しき ［ 10－6＝4 ］

こたえ

（あおい くるま）が（ 4 ）だい
おおい。

10 えを みて、7－6＝1の しきに
　なる おはなしを つくりましょう。

(4てん)

(れい)
いぬが 6ぴき います。
ねこが 7ひき います。
いぬが 1ぴき すくないです。

---

7 絵グラフに整理する良さを実感させ
ます。絵の高低で多い少ないが一目
でわかります。
　くだものの数の違いは、数が多いく
だものから数が少ないくだものをひ
いて求めます。

8 「あわせて」ということばから、たし
算を使うことに気づかせます。

9 ひき算は、大きい数から小さい数を
ひきます。
　青い車の方が多いので、
10から6をひいて答えを求めます。
答え方にも注意しましょう。

10 絵と式を見て、それに合うおはなし
をつくる問題です。解答例とことば
などが違っていても、「違い」を求め
る内容であれば正解です。

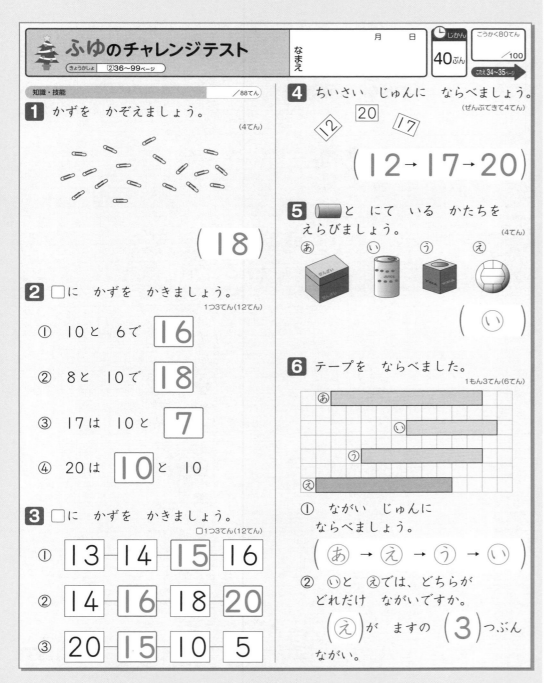

ふゆのチャレンジテスト

きょうかしょ ②36〜99ページ

月　日

なまえ

じかん 40ぷん

こうかく80てん ／100

こたえ 34〜35ページ

知識・技能 ／88てん

1 かずを　かぞえましょう。
(4てん)

（18）

2 □に　かずを　かきましょう。
1つ3てん(12てん)

① 10と 6で 16

② 8と 10で 18

③ 17は 10と 7

④ 20は 10 と 10

3 □に　かずを　かきましょう。
□1つ3てん(12てん)

① 13 14 15 16

② 14 16 18 20

③ 20 15 10 5

4 ちいさい　じゅんに　ならべましょう。
(ぜんぶできて4てん)

12　20　17

（12→17→20）

5 ▭と　にて　いる　かたちを
えらびましょう。
(4てん)

あ　い　う　え

（い）

6 テープを　ならべました。
1もん3てん(6てん)

① ながい　じゅんに
ならべましょう。

（あ → え → う → い）

② いと　えでは、どちらが
どれだけ　ながいですか。

（え）が　ますの（3）つぶん
ながい。

---

1 「10といくつ」と数えます。10個を◯で囲みましょう。

2 20までの数の仕組みを理解しましょう。

3 20までの数の系列がわかるようになりましょう。
②2飛びに並んでいます。
③5ずつ小さくなっています。

4 数の線で確認しておきましょう。

5 筒の形です。平面と曲面でできています。

6 ますの数で長さを比べます。
あ…10ます分の長さ
い…6ます分の長さ
う…8ます分の長さ
え…9ます分の長さです。
任意単位を決めると、長さを数値化できる良さに気付かせます。

7 どちらが おおく はいって いますか。 (4てん)

あ

い

（ あ ）

8 どちらが ひろいですか。 (4てん)

あ　　　　　　い

（ あ ）

9 とけいを よみましょう。1つ4てん(8てん)

①

②

（ 8 じ ）　（ 3 じはん ）

10 けいさんを しましょう。
1つ4てん(12てん)

① 5＋5＋3＝ 13

② 13－3－6＝ 4

③ 10－7＋4＝ 7

11 けいさんを しましょう。
1つ3てん(18てん)

① 11＋7＝ 18

② 9＋6＝ 15

③ 5＋8＝ 13

④ 19－3＝ 16

⑤ 12－7＝ 5

⑥ 15－6＝ 9

思考・判断・表現　　　　　／12てん

12 あかい はなが 7ほん、しろい はなが 9ほん あります。
はなは あわせて なんぼん ありますか。
1つ3てん(6てん)

しき　 7＋9＝16

こたえ （ 16 ）ぽん

13 ジュースが 14ほん ありました。9ほん のみました。
のこりは、なんぼんに なりましたか。
1つ3てん(6てん)

しき　 14－9＝5

こたえ （ 5 ）ほん

7 同じ大きさのコップ何個分で水のかさを比べています。

8 ますの数で広さを比べます。あは12個分の広さ、いは10個分の広さです。

9 短い針で「何時」を読みます。
長い針が「12」を指しているときは「〇時」、「6」を指しているときは「△時半」と読みます。

10 左から順に計算していきます。
①5＋5＋3＝10＋3＝13
②13－3－6＝10－6＝4
③10－7＋4＝3＋4＝7

11 くり上がりとくり下がりに注意して計算しましょう。間違えるようでしたら、その単元の復習をして、計算のしかたをしっかりマスターしましょう。

12 「合わせていくつ」のたし算の場面です。

13 「残りはいくつ」のひき算の場面です。

はるのチャレンジテスト

きょうかしょ ②101〜137ページ

月　日

なまえ

じかん
40ぷん

こうかく80てん
／100

こたえ 36〜37ページ →

知識・技能　／64てん

1 かずを すうじで かきましょう。
(4てん)

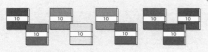

(94)

2 □に かずを かきましょう。
1つ3てん(12てん)

① 10が 6こと、1が 4こで 64 です。

② 30は、10を 3 に あつめた かずです。

③ 100と 8で 108 です。

④ 58より 2 大きい かずは 60 です。

3 □に かずを かきましょう。
1つ4てん(8てん)

① 94 — 96 — 98 — 100

② 120 — 115 — 110 — 105

4 なんじ なんぷんですか。
1つ4てん(8てん)

①  ②

(4じ5ふん) (10じ48ふん)

5 けいさんを しましょう。
1つ4てん(24てん)

① 60+20= 80

② 50+9= 59

③ 74+5= 79

④ 100−60= 40

⑤ 67−7= 60

⑥ 89−4= 85

---

1 10が9個で90、90と4で94

2 ①②100までの数は、「10がいくつと1がいくつ」としてとらえます。
④数の線を使って考えましょう。

3 ①2ずつ大きくなっています。
②5ずつ小さくなっています。
数の線を使って確認しておきましょう。

4 短い針が「何時」を、長い針が「何分」を表していることを確認しましょう。
1目盛りが1分を表していることを確認し、正確に読みとることができるまで練習しましょう。

5 ①④10のまとまりで考えます。
③⑥一の位どうしをたしたりひいたりすればよいことに気付かせます。
十の位と一の位の意味をしっかり理解させることが大切です。

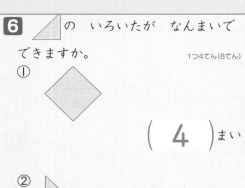

6 ◺の いろいたが なんまいで できますか。
1つ4てん(8てん)

① （ 4 ）まい

② （ 5 ）まい

思考・判断・表現 ／36てん

7 いちごが 12こ あります。
ず・こたえ 1つ3てん(12てん)

① ひとりに 2こずつ わけると、なん人に わけられますか。
◯で かこんで かんがえましょう。

（ 6 ）人

② ひとりに 3こずつ わけると、なん人に わけられますか。
◯で かこんで かんがえましょう。

（ 4 ）人

8 子どもが ならんで います。
みきさんは、まえから 5ばんめです。
みきさんの うしろに 4人 います。
みんなで なん人 いますか。
ずの □に かずを かいて こたえましょう。
1つ3てん(12てん)

5ばんめ
まえ ○○○○●○○○○

5 人 4 人

しき 5＋4＝9

こたえ （ 9 ）人

9 ハムスターが 6ぴき います。
リスは、ハムスターより 4ひき おおいです。
リスは なんびき いますか。
ずの □に かずを かいて こたえましょう。
1つ3てん(12てん)

6 ぴき
ハムスター ○○○○○○
リス ○○○○○○○○○○

4 ひき
おおい

しき 6＋4＝10

こたえ （ 10 ）ぴき

6 ①
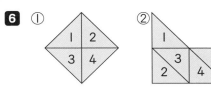

7 ①2個ずつ囲んだ◯は6つできます。
　式に書くと、
　2＋2＋2＋2＋2＋2＝12
　となります。
　②3個ずつ囲んだ◯は4つできます。
　式に書くと、3＋3＋3＋3＝12
　となります。

8 前から5番目までの人数は5人であることを理解して、5（人）＋4（人）＝9（人）と式に表します。

9 多い方の数は、たし算で求めます。◯を使った図をかいて考えられるようにしましょう。

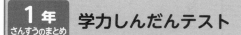

1年 さんすうのまとめ **学力しんだんテスト**

なまえ　　　　　　　月　日

じかん **40ぷん**　こうかく80てん ／100　こたえ38ページ

1 □に かずを かきましょう。
1つ2てん(4てん)

① 10が 3こと 1が 7こで
37

② 10が 10こで **100**

2 □に かずを かきましょう。
□1つ3てん(12てん)

① **44** **46** **48** **50** **52**

② **100** **90** **80** **70** **60**

3 けいさんを しましょう。1つ3てん(18てん)

① 8+6= **14**　② 14-9= **5**

③ 0-0= **0**　④ 30+40= **70**

⑤ 33+4= **37**　⑥ 29-7= **22**

4 11人で キャンプに いきました。
その うち 子どもは 7人です。
おとなは なん人ですか。1つ3てん(6てん)

しき **11－7＝4**

こたえ（ **4** ）人

5 なんじなんぷんですか。
(3てん)

（ **2じ 45ふん** ）

6 あ〜えの 中から たかく つめる
かたちを すべて こたえましょう。
(ぜんぶてきて 3てん)

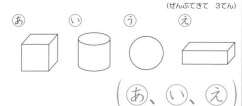

あ　　い　　う　　え

（ **あ、い、え** ）

7 下の かたちは、あの いろいたが
なんまいで できますか。1つ3てん(6てん)

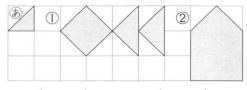

①（ **8** ）まい　②（ **10** ）まい

8 水の かさを くらべます。正しい
くらべかたに ○を つけましょう。
(4てん)

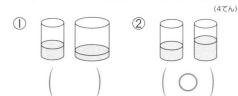

①　　　　②

（　）　　（ **○** ）

1 ①10が3個で30、30と7で37
です。
②10が10個で100になります。

2 与えられた数の並びから、きまりを
みつけ、あてはまる数を求めます。
①2ずつ大きくなっています。
②10ずつ小さくなっています。

3 ③もとの数に0をたしたり、もとの
数から0をひいたりしても、答え
はもとの数のままです。
④30は10が3個、40は10が
4個だから、30+40は、10が
(3+4)個で、70です。

4 あわせて11人いるから、おとなの
人数は、全体の人数から子どもの人
数をひけば求められます。

5 時計の表す時刻を読み取ります。
短針で何時、長針で何分を読みます。
「3じ45ふん」とする間違いがよく
あります。短針が2と3の間にある
ことに注意しましょう。

6 あとえは、箱の形、いは筒の形で、
重ねて積み上げることができます。
答えの順序が違っていても正解です。

7 図に線をひいて考えます。
四角1マス分の形は、あの色板2枚
でつくることができます。

8 同じ大きさの容器を使うと、入った
水の水面の高さで比べることができ
ます。

9 どうぶつの かずを しらべて せいりしました。
1つ4てん(8てん)

① いちばん おおい どうぶつは なんですか。

（ **ねずみ** ）

② いちばん おおい どうぶつと いちばん すくない どうぶつの ちがいは なんびきですか。

（ **3** ）びき

10 バスていで バスを まって います。
1つ4てん(12てん)

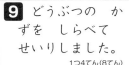

① まって いる 人は 7人 いて、みなとさんの まえには 4人 ならんで います。みなとさんは うしろから なんばん目ですか。

うしろから **3** ばん目

② バスが きました。バスには はじめ 3人 のって いました。この バスていで まって いる 人みんなが のり、つぎの バスていで 5人が おりました。バスには いま なん人 のって いますか。

しき **3＋7－5＝5**

こたえ（ **5** ）人

活用力をみる

11 かべに えを はって います。□に はいる ことばを かきましょう。
□1つ4てん(16てん)

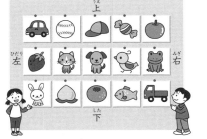

① さかなの えは みかんの えの

右 に あります。

② いちごの えは 車の えの

下 に あります。

③ 犬の えは （れい）**みかん** の えの

上 に あります。

12 ゆいさんと さくらさんは じゃんけんで かったら □を 1つ ぬる ばしょとりあそびを しました。どちらが かちましたか。その わけも かきましょう。
1つ4てん(8てん)

□…ゆいさん
■…さくらさん

かったのは（ **さくら** ）さん

わけ（（れい）さくらさんの ほうが ぬった □の かずが おおいから。）

---

9 数がいちばん多いのはねずみで、いちばん少ないのはさるです。
絵グラフの高さから、いちばん多い動物、いちばん少ない動物を読み取ります。

10 ①みなとさんは前から5番目だから、みなとさんの後ろには2人並んでいます。

②3＋7＝10、10－5＝5と2つの式に分けていても正解です。

11 右、左、上、下を使って、ものの位置をことばで表します。

③犬の位置を表します。

「ぼうしのえの下」、「ねこのえの右」、「とりのえの左」と答えていても正解です。

12 わけは、さくらさんのほうが、塗った□の数が多い(塗った場所が広い)ことが書けていれば正解です。

ゆいさんが12個、さくらさんが13個□を塗っていると、具体的な説明がついていても正解です。

A